"十四五"中等职业学校教材

药物制剂虚拟仿真实训

YAOWU ZHIJI XUNI FANGZHEN SHIXUN

侯林艳　李艳鹏　主编

王　萍　主审

化学工业出版社

·北京·

内容简介

本书详细介绍了固体制剂和小容量液体制剂的生产过程,并将药物制剂生产过程中应用的 GMP 标准、工艺过程、设备原理与操作,同南京药育公司开发的药育智能虚拟实训平台相结合,真实反映制药用空气净化系统、净水系统、固体制剂系统和小容量液体制剂系统生产的全过程,指导读者进行生产过程中的模拟操作。

本书可用于药物制剂岗位操作人员的仿真培训,也可用于技术人员研究生产工艺的优化和操作方式的改进,亦可推广至相关专业院校,配合专业软件和仿真实训教学使用。

图书在版编目（CIP）数据

药物制剂虚拟仿真实训 / 侯林艳,李艳鹏主编 . --
北京:化学工业出版社,2024.8
ISBN 978-7-122-45632-8

Ⅰ.①药… Ⅱ.①侯… ②李… Ⅲ.①药物－制剂－
生产工艺－计算机仿真 Ⅳ.① TQ460.6

中国国家版本馆 CIP 数据核字（2024）第 094985 号

责任编辑:李 瑾 蔡洪伟 　　　　　　　　装帧设计:王晓宇
责任校对:刘 一

出版发行:化学工业出版社(北京市东城区青年湖南街 13 号 邮政编码 100011)
印 　 装:河北延风印务有限公司
787mm×1092mm 1/16 印张 11¾ 彩插 1 字数 230 千字 2025 年 1 月北京第 1 版第 1 次印刷

购书咨询:010-64518888 　　　　　　　　售后服务:010-64518899
网 　 址:http://www.cip.com.cn
凡购买本书,如有缺损质量问题,本社销售中心负责调换。

定 　 价:39.00 元

编审人员名单

主　　编： 侯林艳　李艳鹏

编写人员： 侯林艳　李艳鹏　畅　律　赵　射

主　　审： 王　萍

前言

药物制剂实践教学是药物生产技能人才培养的重要途径。但由于资金、实训场地、安全等条件的限制，学生在学校能够操作的药物制剂生产设备种类十分有限，这就在一定程度上制约了学生专业能力的提升，影响了药物制剂技术实训课程的教学效果。随着计算机技术的不断发展，虚拟仿真技术逐渐应用于教学实践，并收到了较好的效果。虚拟仿真实训教学可以帮助学生在虚拟的环境下，完成各种设备的操作，掌握相关理论知识，获取操作技能，克服实训资源缺乏造成的实训效率降低问题，有效提升学生的生产操作能力。

本教材以提升药物制剂专业学生实践能力为目标，采用任务驱动的方式，详细介绍了固体制剂和小容量液体制剂的生产过程，并将药物制剂生产过程中应用的 GMP 标准、工艺过程、设备原理与操作，同南京药育公司开发的药育智能虚拟实训平台相结合，可指导读者对固体制剂、小容量液体制剂以及制药空气净化和净水系统等各生产单元进行学习，并完成仿真操作任务，是一本集软件使用、理论知识学习和仿真实训于一体的综合教材。为方便读者检验学习效果，本书还配有思考题。本教材是对药物制剂专业课程体系的丰富，能够有效拓宽学生的视野，提升技能操作水平，在教学实践中发挥重要作用。

本书可作为药物制剂相关专业大中专学生仿真实训教材，也可作为药物制剂生产企业技术人员和操作人员的仿真培训教材。

本书由唐山劳动技师学院侯林艳、李艳鹏两位老师主编，王萍老师主审。具体编写分工如下：项目一至三由侯林艳老师编写；项目四和项目五由李艳鹏老师编写；南京药育公司工程师畅律、赵射也参与了编写。在编写过程中，本书参阅了南京药育公司部分培训资料和药育智能虚拟实训平台软件说明等，并得到了唐山劳动技师学院和南京药育智能科技有限公司相关领导的大力支持，在此一并表示感谢。

因编者水平有限，书中疏漏之处在所难免，欢迎广大读者批评指正。

编者
2024 年 4 月

目录

项目一

绪 论

知识目标

1. 了解药品质量管理的含义。
2. 掌握药品质量标准。
3. 掌握 GMP 的含义，了解 GMP 起源。
4. 理解药品质量管理体系及其职责和质量管理目标。

技能目标

1. 具备按标准规范进行生产操作，并正确填写生产记录的能力。
2. 具备对厂房、设施、设备、物料进行管理的能力。
3. 具备人员、物料能够正确进出洁净区的能力。
4. 具备正确领取及使用物料的能力。

思政素质目标

1. 培养学生"依法制药，规范生产"的观念。
2. 培养学生"质量第一，管理为质量服务"的意识。
3. 培养学生运用 GMP 来指导工作的职业习惯。
4. 培养学生自主学习、探究学习的可持续发展能力。

任务一 学习药物剂型的重要性与分类

药物制剂技术是在药剂学理论的指导下，研究药物制剂生产和制备技术的综合性应用技术课程。任何药物在供临床使用前都必须制成适合治疗或预防的应用形式，称为药物剂型（简称剂型）。剂型作为药物应用于人体的最终形式，对药物发挥药效起着极为重要的作用。

一、药物剂型的重要性

一般来说，同一种药物的不同剂型具有相同的药理作用。但有些药物的疗效显著受到剂型或给药方式的影响。因此，剂型与给药方式对药效的发挥同样重要。主要表现在以下几点：

① 有些药物剂型不同，药效则不同。胰岛素等多肽类药物在胃肠道中受到酶破坏而被分解，制成注射剂则可避免此类问题；红霉素适合制备成肠溶制剂，因其在胃酸中分解并且刺激性较大。

② 有些药物剂型不同，药物的作用速度就不同。药物用于急救时，应选择作用速度较快的剂型，如注射剂、吸入气雾剂等。药物用于长效作用时，可选择丸剂、缓控释制剂、植入剂等作用缓慢的剂型。同一药物可根据临床需要制成不同的剂型。

③ 有些药物剂型不同，药理作用则不同。如硫酸镁口服剂型用于泻下，而5%注射液静脉滴注用于抑制大脑中枢神经，起镇静、镇痉作用。

④ 有些药物剂型不同，毒副作用不同。如主要治疗哮喘病的氨茶碱，若口服可致恶心、呕吐并易引起心跳加快等副作用，若制成栓剂则恶心、呕吐的副作用可消除；若制成缓释或控释制剂则可保持血药浓度平稳，药效好，副作用小。

⑤ 有些剂型可具有靶向作用。含微粒结构的静脉注射剂，如脂质体微球、微囊等进入血液循环系统后，被网状内皮系统的巨噬细胞所吞噬，从而使药物浓集于肝、脾等器官，起到被动靶向作用。

综上，药物因剂型不同，药物在作用性质、应用效果（作用的快慢、强度及持续时间）、毒副作用等方面都可能存在差异，进而影响药物的治疗效果。药物剂型在用药安全性、有效性、经济性等方面发挥着重要作用。

二、药物剂型的分类

通常，药物剂型有以下几种分类方式：

1. 按照剂型的形态分类

按照药物剂型的形态进行分类见表1-1。

表1-1　按药物剂型的形态分类

剂型形态	剂型实例
气体	气雾剂、喷雾剂等
液体	溶液剂、注射剂、洗剂、搽剂等
半固体	软膏剂、乳膏剂等
固体	散剂、丸剂、片剂、栓剂等

2. 按使用后所形成的分散系统分类

分散系统即一种或几种物质的质点分散在另外一种物质的质点中所形成的体系。被分散的物质称为分散相，容纳分散相的物质称为分散介质。当分散相的分子大小不同时，所形成的分散系统也不同。

（1）分散相的质点≤1nm　该类型为溶液型药剂，分散相与分散介质组成均匀液态分散系统。如溶液剂、糖浆剂、甘油剂等。

（2）分散相质点在1～100nm　该类型为胶体溶液型分散体系，如高分子溶液剂、溶胶剂。

（3）分散相的质点>100nm　此种情况下，主要为乳剂型（大多在0.1～10μm）或混悬剂型（大多在0.5～10μm）。乳剂型为液体分散相和液体分散介质组成的非均匀分散体系，如口服乳剂、静脉注射乳剂等。混悬剂型为固体分散相和液体分散介质组成的非均匀分散体系，如混悬剂等。

（4）气体分散型药剂　是分散相在气体分散介质中所形成的分散体系，如气雾剂、粉雾剂等。

（5）固体分散体型药剂　体系中的分散相（大多数是固体物质）以固体状态分散于固体分散介质中形成的固体分散体，如阿司匹林感冒胶囊、六味地黄丸等。

3. 按给药部位分类

（1）胃肠道给药　指药物制剂经口服后进入胃肠道，起局部或经吸收而发挥全身作用的剂型。该类剂型是临床治疗中最为常见的剂型，如散剂、片剂、颗粒剂、胶囊剂、溶液剂、乳剂、混悬剂等。

（2）非胃肠道给药　指除口服给药以外的其他所有给药方式。

① 注射给药，包括静脉注射、肌内注射、皮下注射、皮内注射等。

② 呼吸道给药，如喷雾剂、气雾剂等。

③ 皮肤给药，如外用溶液剂、软膏剂、贴剂等。

④ 黏膜给药，如滴眼剂、滴鼻剂、眼用软膏剂、舌下片剂等。

⑤ 腔道给药，如栓剂、气雾剂、阴道泡腾片、滴剂等，用于直肠、鼻腔、阴道、耳道等。

这种分类方法与临床使用紧密结合，对合理用药具有指导意义。

4. 按制备方法分类

当制备过程采用相同的制备方法及要求时，可将该类剂型归为一类。如采用浸出方法制成的浸出制剂，灭菌或无菌状态下制成的无菌制剂等。

 思考题

简述药物剂型的重要性。

任务二　理解药品质量与药物制剂制备工艺的重要性

药品是特殊商品，其质量好坏直接关系着广大患者的生命健康安全，因此药品质量的重要性不言而喻。药物制剂的制备过程是制药工艺过程中不可缺少的环节，对药品质量具有非常大的影响。

一、药品质量的重要性

质量好的药，治病救人，劣质的药品则可能对患者的生命安全造成不可挽回的损失。因此，国家通过法律对药品质量进行严格管控。合格的药品应达到以下要求：

（1）安全性　即患者用药后，毒副作用和不良反应小。

（2）有效性　即患者用药后，对疾病治疗有积极作用。

（3）稳定性　即药品在有效期内，药效稳定。

（4）均一性　即药品的最小质量单元成分含量均相同。

（5）合法性　药品的质量必须符合国家标准，只有符合国家法定标准并经批准生产或进口、产品检验合格，方可销售、使用。

药品从原料加工成产品的过程是极其复杂的，从原料进厂到成品出厂需要经过许多环节和管理，任何疏漏都可能对药品质量造成严重影响，因此必须严格控制和管理药品生产过程，以保证产品质量合格。

二、药物制剂制备工艺的重要性

药物制剂是将药物制成适合临床需要的剂型的过程，该过程必须以药典或药政部门批准的质量标准为依据。药物制剂生产过程应符合《药品生产质量管理规范》（GMP）的要求，将药品生产的各操作单元有机、规范地联合起来。当相同的药物制剂选择的工艺路线或工艺条件不同时，可能会对药物制剂的疗效、稳定性产生影响。

① 药物制剂过程中原料药物的晶型、药物粒子大小等因素可以直接影响药物的体内释放，进而影响药物的体内吸收，影响疗效。例如抗真菌药物灰黄霉素，经过一般粉碎后压制成普通片，一般吸收少、疗效低；若进行微粉化（粒径 $5\mu m$）处理，则溶出快、生物利用度高、疗效好。

② 由于生产工艺不同而使操作单元有所不同，也可能影响药物制剂质量及其进入人体后的释放。例如螺旋藻片剂，其原料中含有大量黏液细胞，采用一般静态干燥后，难粉碎，压片时流动性差，易产生粘冲，造成外观不佳、剂量不准；而采用原料直接喷雾干燥制成粉末，加乳糖直接压片，则流动性好、片面佳。

③ 生产过程中工艺条件的控制也直接影响药物制剂的质量。

思考题

举例说明药品质量与制备工艺的重要性。

任务三　掌握药品生产质量管理规范

一、GMP 概述

GMP 是英文"good manufacturing practice"的缩写。中文译为"药品生产质量管理规范"，也称"良好的生产规范"。GMP 是药品生产过程中，用科学、合理、规范化的条件和方法来保证生产优良药品的一整套系统的、科学的管理规范，是药品生产和质量管理的基本准则，适用于药品制剂生产的全过程和原料药生产中影响成品质量的关键工序。

二、世界 GMP 的发展历程

GMP 的发展史是药品质量的发展史，是保证公众所用药品安全、有效的发展史，是血泪与生命的经验教训史。

20 世纪 60 年代，反应停事件导致世界各国 10000 例以上的婴儿严重畸形，促使美国政府不断加强对药品安全性的控制力度。1963 年美国国会颁布了世界上第一部《药品生产质量管理规范》，该版本是由美国坦普尔大学 6 名教授编写制定的，经过美国食品药品监督管理局（FDA）官员多次讨论修改后，在美国实施。GMP 实施后显示了强大的生命力，在世界范围内得到迅速推广。

1969 年第 22 届世界卫生大会上，世界卫生组织建议各成员国采用 GMP 制度，以确保药品质量和参加"国际贸易药品质量签证体制"。1975 年世界卫生组织正式公布 GMP，1977 年第 28 届世界卫生大会时，世界卫生组织再次向成员国推荐 GMP，并确定为世界卫生组织法规。

此后，英国、日本、澳大利亚、欧盟等国家和组织，先后颁布实施了相应的GMP。

目前 GMP 在世界范围内已得到多数国家的政府、制药企业和医药专家的认可，为全世界安全有效地用药发挥了巨大的作用。

三、我国 GMP 的实施

从世界各国的经验来看，实施 GMP 有着十分重要的意义。GMP 是在药品生产全过程中保证生产出优质药品的管理制度，是把发生差错事故、混药及各类污染的可能性降到最低限度的必要条件和最可靠的办法,是药品生产过程中的质量保证体系。

推行 GMP 是确保人民用药安全、有效的重要保证,可以从整体上提高我国制药企业的素质,也是配合经济部门调控、克服药品生产低水平重复生产的重要措施。

我国于 1988 年 3 月 17 日由卫生部颁布了《药品生产质量管理规范》。1992年卫生部组织进行了较大的修订。为促进药品生产企业实施 GMP,保证药品质量,确保人民用药安全、有效,参与国际药品贸易竞争,我国自 1995 年 10 月 1日起对药品实行 GMP 认证制度,主要也是进一步贯彻执行《中华人民共和国药品管理法》及《中华人民共和国药品管理法实施条例》,规范《药品生产质量管理规范》的工作(简称药品 GMP 认证工作)。2001 年国家药品监督管理局发布《关于全面加快监督实施药品 GMP 工作进程的通知》(国药监安[2001]448 号),并作出决定,要求原料药和制剂的生产企业必须于 2004 年 6 月 30 日前全部通过GMP 认证,并取得证书,否则将取消生产资格和取消相应制剂的药品批准文号,保证了监督实施药品 GMP 工作的顺利进行。

2011 年《药品生产质量管理规范(2010 年修订)》正式对外发布,于 2011年 3 月 1 日起施行。我国 2010 年版 GMP 与世界卫生组织的《药品生产质量管理规范》相一致,主要特点是强调了指导性、可操作性和可检查性。本次实施的 2010 年版 GMP 更加细化了对药品生产企业的要求。执行更加规范严格,是药品生产企业必须严格遵守的规范性文件,对保证药品质量,实现药物治疗的有效性、安全性发挥了重要作用。

自 2019 年 12 月 1 日起,我国正式取消药品生产质量管理规范(GMP)认证。2019 年 8 月 26 日,新修订的《中华人民共和国药品管理法》(主席令第 31 号,2019 年修订本)经十三届全国人大常委会第十二次会议表决通过,于 2019 年 12月 1 日起施行,明确规定不再进行药品生产质量管理规范(GMP)认证。

2020 年新修订的《药品生产监督管理办法》要求,省级药品监督管理局承担对辖区内药品生产企业的监管职能,对药品生产企业开展上市前的药品 GMP符合性检查和监督检查,上市前的药品 GMP 符合性检查是与品种结合并针对药品 GMP 进行的全面检查,通常和注册核查同时开展,监督检查则是对生产企业实施药品 GMP 情况的定期检查。

任务四 掌握 GMP 对厂房、设施、设备的要求

一、厂房布局

生产厂房包括一般生产区和有空气洁净级别要求的洁净室(区),应符合

GMP 要求。

厂房一般应遵循以下原则。

（1）厂房按生产工艺流程及所要求的洁净级别合理布局，做到人流、物流分开，工艺流畅，不交叉、不互相妨碍。

（2）制剂车间除具有生产的各工艺用室外，还应配套足够面积的生产辅助用室，包括原料暂存室（区）、称量室、备料室，中间产品、内包装材料、外包装材料等各自暂存室（区），洁具室、工具清洗间、工具存放间。工作服的洗涤、整理、保管室，并配有制水间、空调机房、配电房等。高度一般在 2.7m 左右。

（3）在满足工艺条件的前提下，洁净级别高低房间按以下原则布置。

① 洁净级别高的洁净室（区）宜布置在人员较少到达的地方。

② 不同洁净级别要求的洁净室（区）宜按洁净级别等级要求的高低由里向外布置，并保持空气洁净级别不同的相邻房间的静压差大于 10Pa，洁净室（区）与室外大气的静压差应大于 10Pa，并有指示压差的装置。

③ 空气洁净级别相同的洁净室（区）宜相对集中。

④ 除特殊规定外，一般洁净室温度控制在 18 ～ 26℃，相对湿度控制在 45% ～ 65%。

二、厂房设施

（1）厂房应有人员和物料净化系统。

（2）洁净室内安装的水池、地漏不得对药物产生污染。

（3）洁净室（区）与非洁净室（区）之间应设置缓冲设施，人流、物流走向合理。

（4）厂房必要时应有防尘装置。

（5）厂房应有防止昆虫和其他动物进入的设施。

三、制剂生产设备

设备是药品生产中从物料到产品的工具和载体。药品质量的最终形成通过生产而完成，也就是药品生产质量的保证很大程度上依赖于设备系统的支持，故而设备的设计、选型、安装极其重要，应满足工艺流程需求，方便操作和维护，有利于清洁。具体要求如下。

（1）设备的设计、选型、安装应符合生产要求，易于清洗、消毒和灭菌，便于生产操作和维护、保养，并能防止差错和减少污染。

（2）设备内表面平整、光滑，无死角及砂眼，易于清洗、消毒和灭菌；耐腐蚀，不与药物发生化学反应，不释放微粒，不吸附药物，消毒和灭菌后不变形、不变质；设备的传动部件要密封良好，防止润滑油、冷却剂等泄漏时对原料、半成品、成品和包装材料造成污染。

（3）生产中发尘量大的设备（如粉碎、过筛、混合、干燥、制粒、包衣等设备）应设计或选用自身除尘能力强、密封性能好的设备，必要时局部加设防尘、抽尘装置。

（4）与药品直接接触的气体（干燥用空气、压缩空气、惰性气体）均应设置净化装置，净化后气体所含微粒和微生物应符合规定的空气洁净度要求，排放气体必须过滤，出风口应有防止空气倒灌的装置。

（5）纯化水、注射用水的制备、储存和分配应能防止微生物的滋生和污染。储罐和输送管道所选材料应无毒、耐腐蚀。管道的设计和安装应避免死角、盲管。储罐和管道应规定清洗和灭菌周期。

（6）对传动机械的安装应增加防震、消音装置，改善操作环境，一般做到动态测试时，洁净室内噪声不得超过 70dB。

（7）凡生产、加工、包装有特殊要求的药品时，设备必须专用。

（8）制药设备安装、保养操作，不得影响生产及质量（包括距离、位置、设备控制工作台的设计等应符合人体工程学原理）。

（9）制药设备应定期进行清洗、消毒、灭菌，清洗、消毒、灭菌过程及检查应有记录并予以保存。无菌设备的清洗，尤其是直接接触药品的部位必须灭菌，并标明灭菌日期，必要时要进行微生物学检验。经灭菌的设备应在三天内使用。某些可移动的设备可移到清洗区进行清洗、消毒、灭菌。同一设备连续加工同一无菌产品时，每批之间要清洗灭菌；同一设备加工同一非灭菌产品时，至少每周或每生产三批后要按清洗规程全面清洗一次。

（10）设备的管理。药品生产企业必须配备专职或兼职设备管理人员，负责设备的基础管理工作，建立健全相应的设备管理制度。

① 所有设备、仪器仪表、衡器必须登记造册，内容包括生产厂家、型号、规格、生产能力、技术资料（说明书，设备图纸，装配图，易损件、备品清单）。

② 应建立动力系统管理制度，对所有管线、隐蔽工程绘制动力系统图，并有专人负责管理。

③ 设备、仪器的使用，应指定专人制定标准操作规程（SOP）及安全注意事项，操作人员须经培训、考核，考核合格后方可操作设备。

④ 要制定设备保养、检修规程（包括维修保养职责、检查内容、保养方法、计划、记录等）。检查设备润滑情况，确保设备经常处于完好状态，做到无跑、冒、滴、漏。

⑤ 保养、检修的记录应建立档案并由专人管理，设备安装、维护、检修的操作不得影响产品的质量。

⑥ 不合格的设备如有可能应搬出生产区，未搬出前应有明显标志。

制剂生产的设施与设备应定期进行验证，以确保生产设施与设备始终能生产出符合预定质量要求的产品。

思考题

1. 根据 GMP 要求，生产厂房一般遵循哪些原则？
2. 根据 GMP 要求，对制剂生产设备有哪些要求？

任务五 掌握 GMP 对生产卫生的要求

卫生在 GMP 中是指生产过程中使用的物料和产品以及过程保持洁净。包括：环境卫生，工艺卫生，人员卫生。

实施 GMP 的基本目的就是防止差错、混淆、污染和交叉污染，保证药品质量。在 GMP 中可以认为"当一个药品中存在有不需要的物质或当这些物质的含量超过规定限度时，这个药品受到了污染"。根据污染来源不同，可将其分为尘埃污染、微生物污染、遗留物污染。

尘埃污染是指产品因混入其他尘粒变得不纯净，包括尘埃、污物、棉绒、纤维及人体脱落的皮屑、头发等。

微生物污染是指由微生物及其代谢物所引起的污染。

遗留物污染是指生产中使用的设施设备、器具、仪器等清洁不彻底致使上次生产的遗留物对药品生产造成的污染。

无论是以上哪一种污染，都需要通过一定介质进行传播。这些介质包括：

① 空气。空气中含有尘埃，进入生产过程的每个角落，对产品造成污染。

② 水。水既是制药过程中不可缺少的物质，又是微生物生存所必需的物质。水的来源不同、处理不当、输送过程等，都可能对产品造成污染。

③ 人员。人是药品生产的操作者，生产操作时必须进入洁净操作间，对各种生产设施设备、器具、仪器进行操作及使用，人本身就是一个带菌体和微粒产生源，所以人是污染最主要的传播媒介。

一、生产操作间卫生

生产操作间应保持清洁，并针对各洁净级别的具体要求制定相应清洁标准。所用清洁剂及消毒剂应经过质量保证部门确认，清洁及消毒频率应能保证相应级别洁净室的卫生环境要求，清洁和消毒可靠性应进行必要验证。

（1）进入有洁净级别要求的操作间的空气应经过净化。GMP 附录对药品生产厂房的洁净级别要求作出了明确规定。药品生产洁净室（区）的空气洁净度划分为四个级别（见表 1-2），洁净室环境应定期监测，监测点一般设在洁净级别不同的相邻室、有洁净级别要求和没有洁净级别要求的室内、根据工艺要求对药品质量有影响的关键岗位，并定期对空气过滤器进行清洗更换，确保空气洁净度符合生产要求。各种药品生产环境对应的空气洁净度级别见表1-3、表1-4。

表1-2 洁净室（区）的空气洁净度级别

洁净度级别	悬浮粒子最大允许数 /（个 /m³）			
	静态		动态	
	≥ 0.5μm	≥ 5.0μm	≥ 0.5μm	≥ 5.0μm
A 级	3520	20	3520	20
B 级	3520	29	352000	2900
C 级	352000	2900	3520000	29000
D 级	3520000	29000	不作规定	不作规定

表1-3 非无菌药品及原料药生产环境的空气洁净度级别（一）

药品种类		洁净度级别
栓剂	除直肠用药外的腔道用药	暴露工序：D 级
	直肠用药	暴露工序：D 级
口服液体药品	非最终灭菌	暴露工序：D 级
	最终灭菌	暴露工序：D 级
口服固体药品		暴露工序：D 级
原料药	药品标准中有无菌检查要求	C 级背景下 A 级
	其他原料药	D 级
外用药	一般外用药	暴露工序：D 级

表1-4 非无菌药品及原料药生产环境的空气洁净度级别（二）

药品种类		洁净度级别
可灭菌小容量注射液 （< 50ml）	浓配、粗滤	D 级
	稀配、精滤、灌封	C 级背景下 A 级
可灭菌大容量注射液 （> 50ml）	浓配	D 级
	稀配、滤过	非密闭系统：C 级 密闭系统：D 级
	灌封	C 级背景下 A 级
非最终灭菌的无菌药品及 生物制品	配液	不需除菌滤过：B 级背景下 A 级 需除菌滤过：C 级
	灌封、分装、冻干、压塞	B 级背景下 A 级
	轧盖	C 级背景下 A 级

药品种类	洁净度级别	
外用药品	深部组织创伤和大面积体表创面用药	暴露工序：C级
眼用药品	供角膜创伤或手术用滴眼剂	暴露工序：C级
	一般眼用药	暴露工序：D级

（2）工作场所的墙壁、地面、天花板、桌椅、设备及其他操作工具表面应进行清洁和消毒，清洁频率取决于卫生级别及生产活动情况，根据环境监控结果确定清洁次数并根据实际情况作出适当调整。

（3）洁具和清洁剂。每个清洁区配备各自的清洁设备，清洁设备应储藏在有规定洁净级别的专用房间，房间应位于相应级别洁净区内并有明显标记。进入洁净区的清洁用具均需进行灭菌。清洁用具应按规定进行清洗、消毒，一般做到如下几点：

①C级/D级：每次用清洁剂洗涤、干燥、消毒后装好备用。

②A级/B级：每次用清洁剂洗涤、干燥、高压灭菌包装好备用。

消毒是指用物理或化学等方法杀灭物体上或介质中的病原微生物的繁殖体的过程。消毒剂是指用于消毒的化学药品。

厂房、设备、器具选用消毒剂的原则：

① 高效、低毒、无腐蚀性、无特殊臭味和颜色；

② 不对设备、物料产生污染；

③ 消毒浓度下，易溶或混溶于水，与其他消毒剂无配伍禁忌；

④ 能保障使用者安全与健康；

⑤ 价廉、来源广。

使用消毒剂应注意：

① 消毒剂浓度与实际消毒效果密切相关，应按规定准确配制；

② 稀释的消毒剂应存放于洁净容器内，储存时间不应超过储存期；

③ A级/B级洁净室及无菌操作室内应使用无菌消毒剂及清洁剂；

④ 为避免产生耐药菌株，保证消毒效果，应定期更换消毒剂品种；

⑤ 定期对消毒剂的消毒效果进行验证。

常用消毒剂见表1-5。

表1-5　常用消毒剂

类别	名称	浓度	消毒用途	性质
酚类	甲酚皂（来苏水）	2%	皮肤	溶于水，呈碱性反应，有除垢作用，杀菌力强，有毒性，消毒手有麻木感
		3%～5%	地漏①	

类别	名称	浓度	消毒用途	性质
醇类	乙醇	75%	皮肤、工具、容器、设备	能使蛋白质脱水变性，有挥发性，无残留，作用时间短，对芽孢无效
表面活性剂	新洁尔灭	0.1%～0.2%	皮肤、工具、容器、设备	破坏细胞，使蛋白质变性，对革兰阴性菌不敏感，具有清洁与消毒双重作用，皮肤刺激性小，遇合成洗涤剂活性减弱
	度米芬（消毒宁）	0.05%～0.1%	皮肤	性质稳定，易溶于水，抗菌谱窄，遇合成洗涤剂活性减弱
	氯己定	0.02%～0.05%	皮肤	对革兰阳性菌、阴性菌有效，能快速杀灭细菌繁殖体，无毒性，但不能与阴离子清洁剂等物质、升汞、肥皂合用
氧化剂	过氧乙酸	0.2%～0.5%	塑料、工具、容器、药材	广谱杀菌剂，能杀死细菌繁殖体、芽孢、真菌与某些病毒；强氧化剂，20%时对皮肤、金属有较强腐蚀性；稀释液只能存放三天
		0.5%	皮肤消毒	
		每立方米1g熏蒸	空气消毒[2]	
醛类	甲醛	每立方米用37%～40%甲醛液8～9ml，加4～5g高锰酸钾	熏蒸无菌室	能破坏细菌繁殖体及许多芽孢、病毒、真菌；有挥发性，对眼睛及皮肤有刺激性

①环氧自流平地面房间不宜使用酚类消毒剂。
②空气消毒还可以使用臭氧。

（4）洁净区各气闸及所有闭锁装置应完好，两侧门不能同时打开。工作时门必须关紧，尽量减少出入次数。所有器具、容器、设备、工具需用不产尘的材料制作，并按规定程序经清洁、消毒后方可进入洁净区。

（5）记录用纸、笔需经清洁、消毒程序后方可带入洁净区，所用纸、笔不产尘，不能用铅笔、橡皮、钢笔，而应用圆珠笔，洁净区内不设告示板、记录板。

（6）生产过程中产生的废弃物应及时装入洁净的不产尘的容器或袋中，密闭放在洁净区内指定地点，并按规定在工作结束后将其及时清理出洁净区。

（7）洁净区空调宜连续运行，工作间歇时空调应做值班运行，保持室内正压，并防止室内结露。

（8）洁净室不得安排三班生产，每天必须有足够的时间用于清洁与消毒。更换品种时要保证有足够的时间间歇进行清场、清洁与消毒。

二、物料卫生

物料是指用于药品生产的原料、辅料及包装材料等，用于药品生产的物料应按卫生标准和程序进行检验，检验合格后才能使用。物料进入洁净室（区）必须经过一定净化程序，包括脱包、传递和传输。

物料进入生产区程序如下。

（1）非无菌药品生产物料从一般生产区进入 D 级洁净区，应在外包装清洁消毒处理室除去最外层包装，不能脱外包装的应对外包装进行洗尘或擦洗等处理，经带有联锁装置的传递窗或气闸室进入洁净室（区）。非无菌药品生产物料进入 D 级洁净区程序见图 1-1。

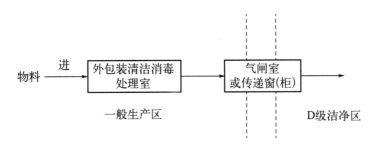

图 1-1 非无菌药品生产物料进入 D 级洁净区程序

（2）不可灭菌药品生产用物料从一般生产区进入 C 级洁净室（区），必须经过净化系统，在外包装清洁消毒处理室对外包装净化处理并消毒后，经带有联锁装置的传递窗或气闸室到消毒缓冲室再次消毒外包装，然后进入备料室。不可灭菌药品生产用物料进入 C 级洁净区程序见图 1-2。

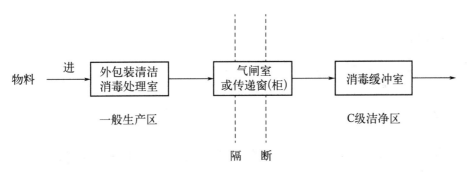

图 1-2 不可灭菌药品生产用物料进入 C 级洁净区程序

（3）非无菌药品生产用物料从 D 级、C 级洁净区，到一般生产区，应经带有联锁装置的传递窗或气闸室进行传送。非无菌药品生产用物料从 D 级洁净区到一般生产区程序见图 1-3。

（4）不可灭菌药品生产用物料从 C 级洁净区到一般生产区，应经缓冲室、传递窗或气闸室进行传送。不可灭菌药品生产用物料从 C 级洁净区到一般生产区程序见图 1-4。

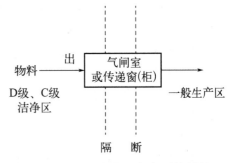

图 1-3 非无菌药品生产用物料从 D 级、C 级洁净区到一般生产区程序

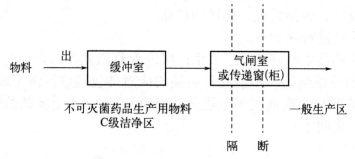

图 1-4　不可灭菌药品生产用物料从 C 级洁净区到一般生产区程序

三、人员卫生

人是药品生产中最大的污染源和最主要的传播媒介。在药品生产过程中，生产人员总是直接或间接地与生产物料接触，对药品质量产生影响。这种影响主要来自两方面：一方面由操作人员的健康状况产生；另一方面由操作人员个人卫生习惯造成。因此，加强人员的卫生管理和监督是保证药品质量的重要方面。

1. 人员卫生管理

按 GMP 要求，药品生产人员应建立健康档案。直接接触药品的生产人员每年至少体检一次，并且传染病、皮肤病患者和有体表伤口者不得从事直接接触药品生产。

2. 人员净化

进入洁净室（区）的人员必须经过净化。

（1）进入 D 级洁净室（区）人员净化程序

① 工作人员进入洁净区前，先将鞋擦干净，将雨具等物品存放在个人物品存放间内。

② 进入换鞋室，关好门，将生活鞋脱下，对号放于鞋柜中，换上工作鞋。

③ 按性别进入相应的更衣室，关好门，换洁净工作鞋。

a. 坐在横凳上，面对门外，脱去拖鞋，弯腰，用手把拖鞋放入横凳下鞋架。

b. 坐在横凳上转身180°，背对门外，弯腰在横凳下的鞋架内取出工作鞋，穿上工作鞋（注意不要让双脚着地）。

④ 脱外衣

a. 走到自己的更衣柜前，用手打开衣柜门。

b. 脱去外衣，挂于生活衣柜中，关上柜门。

⑤ 洗手

a. 走到洗手池旁，用手肘弯推开水开关，伸双手掌入水池上方、开关下方的位置，让水冲洗双手掌到腕上 5cm 处。双手触摸清洁剂后，相互摩擦，使手心、手背及手腕上 5cm 处的皮肤均匀充满泡沫，摩擦约 10s。

b. 用水冲洗双手，同时双手上下翻动相互摩擦。

c. 使水冲至所有带泡沫的皮肤上，直至双手手掌摩擦不感到滑腻为止；翻动双手手掌，用眼检查双手是否已清洗干净。

d. 用肘弯推关水开关。

e. 走到电热烘手机前，伸手掌至烘手机下 8 ～ 10cm 处，电热烘手机自动开启，上下翻动双手手掌，直到双手手掌烘干为止。

⑥ 穿洁净服

a. 用肘弯推开房门，走到洁净工衣柜前，取出自己号码的洁净工作服袋。

b. 取出洁净工作帽戴上。

c. 取出洁净工作衣，穿上并拉上拉链。

d. 取出洁净工作裤穿上，裤腰束在洁净工作衣外。

e. 走到镜子前对着镜子检查帽子是否戴好，注意把头发全部塞入帽内。

f. 取出一次性口罩戴上，注意口罩要罩住口、鼻，在头顶位置上系口罩带。

g. 对镜检查衣领是否已扣好，拉链是否已拉至喉部，帽和口罩是否已戴正。

⑦ 手消毒

a. 走到消毒液自动喷雾器前，伸双手手掌至喷雾器下 10cm 左右处。

b. 喷雾器自动开启，翻动双手手掌，使消毒液均匀喷在双手手掌上各处。

c. 缩回双手，喷雾器停止工作。

d. 挥动双手，让消毒液自然挥干。

⑧ 入洁净室。用肘弯推开洁净室门，进入洁净室。

人员出洁净区，按上述程序反向行之。进出 D 级洁净区人员净化程序见图 1-5。

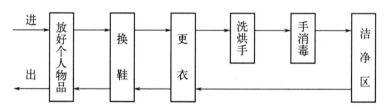

图 1-5 进出 D 级洁净区人员净化程序

（2）进入 C 级、A/B 级洁净室（区）人员净化程序见图 1-6。

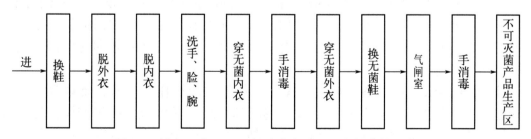

图 1-6 进入 C 级、A/B 级洁净室（区）人员净化程序

注意：洗手后不得涂抹护肤用品。为达到无菌要求，在无菌操作区必须穿无菌内衣（必要时，先洗澡）、无菌外衣、无菌鞋，戴无菌手套，穿无菌服时应注意"从上到下"的顺序。

（3）工作服清洁卫生　洁净度 D 级的工作服每天洗一次，洁净度 C 级、A 级、B 级的工作服至少每班洗一次。

思考题

1. 可用于厂房、设备、器具的常见消毒剂有哪些？
2. 在药品生产过程中，按 GMP 要求，工作人员进入洁净区如何净化？

任务六　学习 GMP 与生产过程管理

生产管理是确保产品各项技术指标及管理标准在生产过程中具体实施的措施，是药品生产质量保证的关键环节。通过各种措施的实施，确保生产过程中使用的物料经严格检验，达到国家规定制药标准，并由经过培训符合上岗标准的人员，严格按企业生产部门下达的生产指令和标准操作规程进行药品生产操作，仔细如实记录操作过程及数据，确保所生产药品的质量和药品的生产工作符合质量标准，安全有效。

生产过程管理包括生产标准文件管理、生产过程技术管理及批和批号的管理。

一、生产标准文件管理

生产过程中主要标准文件有生产工艺规程和标准操作规程（SOP）等。

"生产工艺规程"规定为生产一定数量成品所需起始原料和包装材料的数量，以及工艺加工说明、注意事项，包括生产过程中控制的一个或一套文件。内容包括：品名，剂型，处方，生产工艺的操作要求，中间产品，成品的质量标准和技术参数及储存的注意事项，理论收得率和实际收得率的计算方法，成品的容器，包装材料的要求等。制定生产工艺规程的目的是给药品生产各部门提供必须共同遵守的技术准则，确保每批药品尽可能与原设计一致，且在有效期内保持规定的质量。

"岗位操作法"是对各具体生产操作岗位的生产操作、技术、质量等方面所作的进一步详细要求，是生产工艺规程的具体体现。具体包括：生产操作法，重点操作复核、复查，半成品质量标准及控制规定，安全防火和劳动保护，异常情况处理和报告，设备使用、维修情况，技术经济指标的计算，工艺卫生等。

"标准操作规程（SOP）"是指经批准用以指示操作的通用性文件或管理办法，是对某一项具体操作的书面指令，是组成岗位操作法的基础单元，主要是操作的方法及程序。

生产标准文件不得随意更改，生产过程应严格执行。

二、药品生产过程的技术管理

1. 生产准备阶段

（1）生产指令下达。生产部门根据生产作业计划和生产标准文件制定生产指令，经相关部门人员复核，批准后下达各工序，同时下达标准生产记录文件。

（2）领料。领料员凭生产指令向仓库领取原料、辅料或中间产品。领料时核对名称、规格、批号、数量、供货单位、检验部门检验合格报告单，核对无误方可领料，标签凭包装指令按实际需用数由专人领取，并计数发放。发料人、领料人需在领料单上签字。

（3）存放。确认合格的原料、辅料按物料清洁程序从物料通道进入生产区配料室，并做好记录。

2. 生产操作阶段

（1）生产操作前须做好生产场地、仪器、设备的准备和物料准备

① 检查生产场地的清洁是否符合环境卫生要求，是否有上次生产的"清场合格证"，复核清场是否达到要求，确认无上次生产遗留物。

② 检查设备是否有"已清洁"状态标志，并达到工艺要求，是否已保养，试运行设备，检查其状态是否良好。

③ 检查模具、筛网、滤器等是否良好，零件是否齐全，有无缺损，与生产品种、规格是否匹配。

④ 检查计量器具是否与生产要求相符，是否已清洁完好，有否"计量检查合格证"并且在检查有效期内。

⑤ 根据生产指令复核各种物料，按质量标准核对检验报告单，中间产品必须有质管员签字的传递单。

⑥ 检查盛装容器与桶盖编号是否一致，复核重量。

⑦ 核对车间质管员签发的"准产证"。

（2）生产操作

① 将"准产证"挂于操作室门上，严格按生产工艺规程、标准操作规程进行投料生产，设备状态标志换成"正在运行"。

② 做好工序关键控制点监控和复核，做好自检、互检及质管员监控。

③ 设备运行过程做好监控。

④ 生产过程做好物料平衡。

⑤ 及时、准确做好生产操作记录。

⑥ 工序生产完成后将产品装入周转桶，盖好盖，称重，填写"中间产品标签"。

3. 生产结束

停机、取下"准产证"，换上"待清洁"状态标志，并将"准产证"放入批生产记录袋中；将中间产品送至中间站；进行清场，并及时完成生产记录。清场由操作人员进行，包括三方面内容：物料清理、文件清理、清洁用具的清理。具体清场要求如下：

① 地面无积灰、无结垢，门窗、室内照明灯、风管、墙面开关箱外壳无积尘。与下次生产无关的物品（包括物料、中间产品、废弃物、不良品、标准和记录）已清离生产场地。

② 使用的工具、容器已清洁，无异物和遗留物。

③ 设备内外无上次生产遗留物，无油垢。

④ 更换品种或规格时，非专用设备、管道、容器和工具应按规定拆洗或在线清洗，必要时进行消毒灭菌。

⑤ 凡与药品直接接触的设备、管道和工具容器应每天或每批生产完成后清洗或清理；同一设备连续加工同一品种、同一规格的非无菌产品时，其清洗周期可按生产工艺规程及标准操作规程的规定执行。

⑥ 包装工序转换品种时，剩余的标签及包装材料应全部退料或销毁，剩余的待包装品、已包装品及散落的药品要全部撤离，所有与药品接触的设备、器具要清洗干净，必要时进行灭菌消毒。

⑦ 清场应有清场记录，记录内容包括工序名称、品名、规格、批号、清场日期、清场及检查项目、检查结果、清场人和复核人签字等。包装清场记录一式两份，把正本纳入本批批包装记录，把副本纳入下一批批包装记录之内。其余工序清场记录纳入本批生产记录。

⑧ 清场结束由质量保证人员（QA）检查，发放"清场合格证"，"清场合格证"作为下一个品种（或同品种不同规格、不同批号）的开工凭证纳入批生产记录中。未取得"清场合格证"不得进行下批产品的生产。

⑨ "清场合格证"内容应包括生产工序名称（或房间）、清场品名、规格、批号、日期和班次以及清场人员和检查人员签名。

4. 中间站的管理

中间站是存放中间产品、待重新加工产品、清洁的周转容器的地方。中间站必须有专人管理，并按"中间站清洁规程"进行清洁。进出中间站的物品的外包装必须清洁，无浮尘。进入中间站的物品外表必须有标签，注明品名、规格、批号、重量。中间站产品应有状态标志：合格——绿色，不合格——红色，待检——黄色，不合格品限期处理。进出中间站必须有传递单，并且填写中间产品进出站台账。

5. 待包装中间产品管理

车间待包装中间产品，放置于中间站（或规定区域）并挂上黄色待检标志，填写品名、规格、批号、生产日期和数量；及时填写待包装产品请验单，交质检部取样检验；检验合格由质检部门通知生产部，生产部下达包装指令，包装人员凭包装指令领取标签，核对品名、规格、批号、数量、包装要求等，进入包装工序。

6. 包装后产品与不合格产品的管理

包装后产品置车间待验区（挂黄色待验标志），由车间向质量管理部门填交"成品请验单"，质检部门取样检验，确认合格后，质检部门签发"成品检验报告单"。质量管理部门对批生产记录进行审核，合格后，由质检部门负责人签发"成品放行单"，由车间办理成品入库手续，挂绿色合格标志。检验不合格的产品，由质检部门发出检验结论为不符合规定的检验报告单，将产品放于不合格区，同时挂上红色不合格标志，并标明不合格产品品名、规格、批号、数量，并按下列原则处理。

① 由车间填写"不合格品处理报告单"。内容包括品名、规格、批号、数量，查明不合格的日期、不合格项目及原因，附上不合格产品的检验报告单和原因分析报告，分送有关部门。

② 由生产技术部门会同有关方面提出处理意见，交质管部门负责人审核同意，经企业技术负责人批准后执行处理，并有详细记录。若进行重新加工，必须在质管员监控下进行。

③ 凡属生产过程中被剔除的不合格产品或中间产品，属不良品则按不良品重新加工规定进行处理，必须标明品名、规格、批号，严格隔离存放。

④ 必须销毁的不合格产品应由仓库或车间填写"销毁单"，先经质量管理部门审核，再经企业技术负责人批准，办理财务审批手续后，按规定销毁，质管员监销，并有销毁记录。经手人、监销人在记录上签字。

7. 物料平衡

每批产品应按产品和数量的物料平衡进行检查，这是确保产品质量、防止差错和混淆的有效方法之一，每个品种各关键生产工序都必须明确规定物料平衡的计算方法，确定合格范围。

（1）收率计算

$$收率=\frac{实际值}{理论值}\times100\%$$

式中，理论值为按照所用的原料（包装材料）在生产中无任何损失或差错情况下得出的最大数量；实际值为生产过程中实际产出量（包括本工序产出量，收集废品量，取样量，留样量及丢弃的不合格物品量）。

（2）在生产过程中若发生跑料现象，应及时通知车间管理人员和管理员，并详细记录跑料过程及数量。跑料数量也应计入物料平衡之中，加在实际值范围之内。

8. 生产记录的管理

生产记录主要包括岗位操作记录、批生产记录和批包装记录。

（1）岗位操作记录。岗位操作记录应由岗位操作人员及时填写，字迹清晰，内容真实，数据完整，并由操作人员及复核人员签字。填写出现差错时，不得撕毁和任意涂抹，在填写错误处画两横线，更改人在更改处签字。

复核岗位操作记录时，必须按岗位操作要求串联复核，将记录内容与工艺规程对照复核，上下工序及成品记录中的数量、质量、批号、桶号必须一致、正确，对生产记录中不符合要求的填写，必须由填写人更正并签字。

（2）批生产记录。批生产记录是一个批次的待包装品或成品的所有生产记录，批生产记录能提供该批产品的生产全过程（包括中间产品检验）。

批生产记录由岗位工艺员分段填写，生产部门技术人员汇总，生产部门有关负责人审核并签字。跨车间的产品由各车间分别填写，由企业技术部门指定专人汇总，审核并签字后送质量管理部门。成品发放前，企业质量管理部门审核批生产记录并签字。

批生产记录按批号归档保存，保存至药品有效期后一年，未规定有效期的药品，批生产记录应保存三年。

（3）批包装记录。批包装记录是该批产品包装全过程的完整记录。批包装记录可单独设置，也可作为批生产记录的组成部分。其管理与填写要求同批生产记录。

三、批和批号的管理

正确划分批是确保产品均一性的重要条件。在规定限度内具有同一性质和质量，并在同一连续生产周期中生产出来的一定数量的药品为一批。按 GMP 规定批的划分原则为：

① 大、小容量注射剂以同一配液罐一次配制的药液所生产的均质产品为一批；

② 粉针剂以同一批原料药在同一连续生产周期内生产的均质产品为一批；

③ 冻干粉针剂以同一批药液使用同台冻干设备在同一生产周期内生产的均质产品为一批；

④ 固体、半固体制剂在成型或分装前使用同一台混合设备一次混合量所生产的均质产品为一批；中药固体制剂，如采用分次混合，经验证，在规定限度内，所生产的一定数量的均质产品为一批；

⑤ 液体制剂以罐装（封）前经最后混合的药液所生产的均质产品为一批；

⑥ 液体制剂、膏滋、浸膏及流浸膏等以罐装（封）前经同一台混合设备最

后一次混合的药液所生产的均质产品为一批；

⑦ 连续生产的原料药，在一定时间间隔生产的，在规定限度内的均质产品为一批；

⑧ 间隔生产的原料药，可由一定数量的产品经最后混合所得的在规定限度内的均质产品为一批；

⑨ 对生物制品生产应按照《中国生物制品规程》中的"生物制品的分批规程"分批和编制批号。

批号是用于识别"批"的一组数字或字母加数字，用于追溯和审查该批药品的生产历史。每批药品均应编制生产批号。

项目二

药育智能虚拟实训平台

知识目标

1. 掌握仿真软件的具体操作方法。
2. 了解药物制剂固体剂型的各单元生产操作 。

技能目标

1. 能按照操作要求正确使用软件。
2. 能熟练使用考核模式进行测试。

思政素质目标

1. 具有一定的自学能力。
2. 树立良好的药物制剂质量意识。

药育智能虚拟实训平台采用先进的仿真技术制作虚拟仿真模块，根据最新版本的 GMP 要求，收集大量素材制作知识点模块，结合教学实践制作在线考试模块，最终形成了药育智能虚拟实训平台。

药育智能虚拟实训平台可以供学生开展几十种药物制剂设备的仿真实训操作，提高了学生的学习效率，拓宽了学生的视野。该平台还融合基础理论知识，提供了丰富的多媒体教学资源，并轻松实现药学专业仿真操作的考核，教师可以直观、高效地观察到学生的实训效果，大大提高了实训教学的效率。

本实训平台主要分为六个功能模块：

（1）知识点　该模块汇总了新版 GMP 相关知识资源，使用了先进的多媒体数字化教学手段来丰富教学形式，提供了以高清图片、动画、视频、微课为主要形式的教学资源库。

（2）仿真练习　采用虚拟仿真技术模拟生产厂区的实际生产操作，利用虚拟的地图、帮助提示等功能引导用户去操作，同时掌握洁净区管理、检测、生产文书填报、GMP 规范应用等知识。

（3）实训登录 教师在该模块内，通过简单的操作就可以实现题库的增加、编辑，以及删减，而且还能控制题库的共享权限，利用按钮工具自动化组织试卷，并将仿真操作试题加入试卷中，进行考试管理。试卷发布后，学生即可在线考试，系统将自动进行评分、汇总、统计；同时教师可以导出所有答卷，里面包含了学生的答题信息，大大方便教师评估学生的知识掌握情况。

（4）实训考核 学生进入在线考试，录入学号和姓名，选择发布的试卷进行考核，同一份试卷里的试题随机打乱，保证公正性。在答题过程中，有提示答题程度的功能，防止学生未答完而误交试卷。

（5）管理员登录 管理员对用户、科目以及考试文件进行管理维护。

（6）服务器设定 连接服务器，保证实训考核、实训登录和管理员登录正常进行。

任务一　认识知识学习模块

药育智能虚拟实训平台融合基础理论知识，使用了先进的多媒体数字化教学手段，提供了以高清图片、动画、视频、微课为主要形式的教学资源库。学员可以根据自身需求，进行自主学习。

图 2-1　桌面快捷方式图标

双击桌面上如图 2-1 所示的软件图标，进入如图 2-2 所示的药育智能虚拟实训仿真平台的开始界面。

图 2-2　药育智能虚拟实训仿真平台的开始界面

点击"知识库"进入如图 2-3 所示知识库界面，点击"知识点"开始进行基础知识学习。在这里，可以学习 GMP 相关知识、各生产岗位理论知识和操作规程、相关设备工艺等内容，如图 2-4 所示。

图 2-3　知识库界面

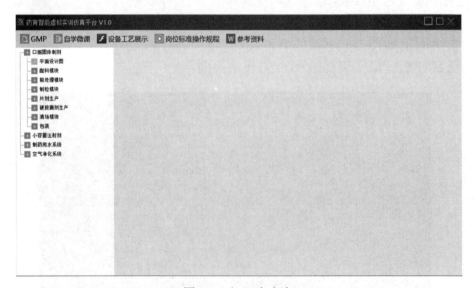

图 2-4　知识库内容

本模块所提供的理论知识内容完整，学习手段丰富，趣味性强，学员可以根据自身需求，选择相关内容进行灵活多样的自主学习。

任务二 认识仿真训练模块

在药育智能虚拟实训仿真平台首页点击"仿真训练",进入仿真训练模块,如图 2-5 所示。

图 2-5 仿真训练模块

仿真训练模块提供了"固体制剂""小容量注射剂""空气净化系统""制药用水系统"等生产过程的仿真训练,学员可以在相应工艺界面下,点击相关岗位进行仿真操作训练,如图 2-6 所示。进入软件初始界面,填写用户名(注意:此处用户名与后续仿真操作中文件填写相关联,尽量按真实姓名填写)。

(a)

图 2-6

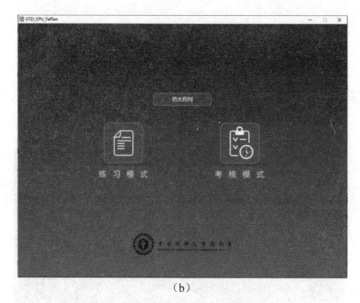

（b）

图 2-6　固体制剂仿真操作界面

一、主界面功能描述

1. 任务列表：提示该岗位所有任务信息，如图 2-7 所示；

图 2-7　压片岗位初始界面

2. 瞬移：点击后，出现地图，选择后可瞬移到对应的车间；

3. 退出场景：退出至主界面；

4. 全屏显示：全屏显示软件；

5. 操作记录：显示操作日志和错误日志；

6.文件列表：显示当前任务下的文件，点击文件图标，文件可打开。

二、软件操作描述

1.角色控制：键盘 W、A、S、D 与↑、↓、←、→可分别控制虚拟人物前进、后退、左转、右转；鼠标右键轻击地面，可引导人物行走，如图 2-8 所示。

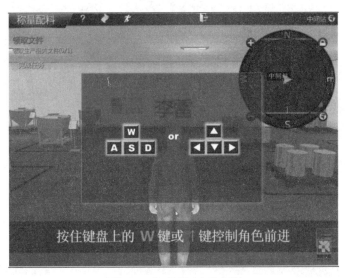

图 2-8　角色控制示意图

2.视角控制：鼠标左键长按，可以控制视角 360°旋转移动；鼠标右键长按，可以控制角色与视角同时 360°旋转移动，如图 2-9 所示。

图 2-9　视角控制示意图

3.触发区域：对应触发区域有光圈显示和文字提示信息，如图 2-10 所示。

图 2-10　触发示意

4. 任务跳转：点击完成任务，即可对任务进行跳转，如图 2-11 所示。

图 2-11　任务跳转示意

任务三　仿真操作训练

本节以预混岗位为例，详细说明仿真操作流程。

一、接受任务

进入仿真操作场景，点击接受任务，开始该岗位操作，如图 2-12 所示（注意：必须点击，不然该仿真任务无法正常进行下去）。

图 2-12　接受任务

二、领取文件

1.接受任务后，人物走至办公室，触发"领取生产相关文件"，如图 2-13 所示。

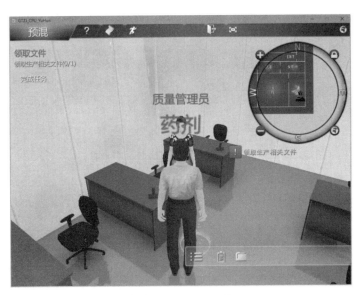

图 2-13　领取文件

2.选择与本次生产任务相关的文件，打钩确认，如图 2-14 所示（不同岗位选择的文件不一样，本岗位应选择生产前记录、生产记录、请验单、物料标签、清场记录）。

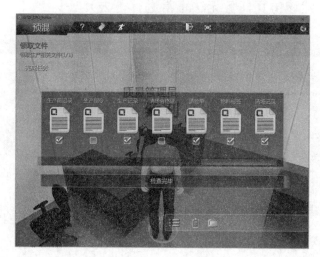

图 2-14　相关生产任务文件

3.点击"检查完毕"后，点击"完成任务"。

三、生产前检查

更换洁净服后，按照地图上的指引到达指定操作位置。

依次"检查地面有无上批次遗留物""检查桌面有无上批次遗留物""检查容器具清洁合格证""检查温湿度是否符合要求""检查静压差是否符合要求""检查岗位清场合格证""更换生产状态标志""检查设备状态标志""检查地漏"，如图 2-15 所示。

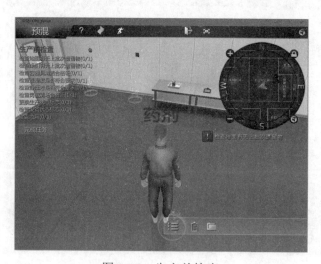

图 2-15　生产前检查

点击打开"生产前记录"文件，根据实际检查情况对文件内容进行勾选，勾选结束后，签字关闭，如图2-16所示（注意：填写的名字一定要与人物头顶名字一样，否则不得分）。点击"完成任务"。

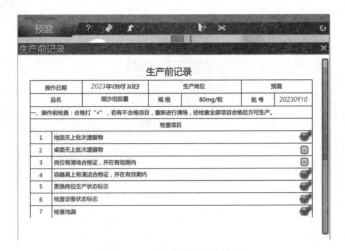

图 2-16 生产前记录文件

四、领取物料

1. 交接物料：人物移动至"中间站"，走到"中间站管理员面前"（光圈里面）触发任务对话，如图2-17所示。

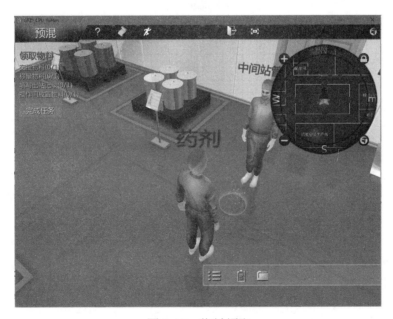

图 2-17 物料领取

2. 称量物料：与中间站管理员对话，进行物料复核称量，见图2-18。

图 2-18　物料称量

3. 填写出站记录：签字，填写出站记录，见图 2-19。

日 期	班 次	桶（袋）数	总重量 / kg	物料名称	备 注
2023年09月10日	2023-09-10-01	4	58.8	缬沙坦原辅料	
领用人签名	药剂		中间站签名		

图 2-19　出站记录

4. 操作间放置物料：转移物料至"干法制粒间"的合格区位置处。点击"完成任务"，见图 2-20。

五、生产加工

更换设备状态标志：点击"更换设备状态标志"，见图 2-21。

图 2-20 物料放置

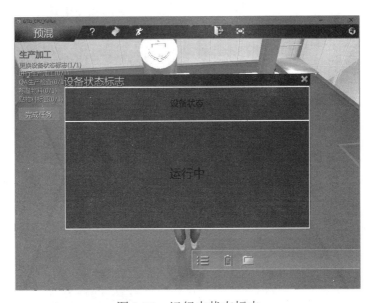

图 2-21 运行中状态标志

1. 进行生产加工：点击"进行生产加工"，进入操作界面。先"确定安全线内无障碍物"，再依次点击"启动""正转""反转""停止""提升机倒料""启动""正转""反转""停止""出料""物料转移"，完成混合操作，见图 2-22（注意：操作错误一次就扣分，重复操作错误不重复扣分）。

2. QA 生产检查：点击"QA 生产检查"，QA 对生产后的物料进行检查，见图 2-23。

3. 称量物料：点击"通知生产称量""称量物料"，对物料进行称量，见图 2-24。

图 2-22　生产加工

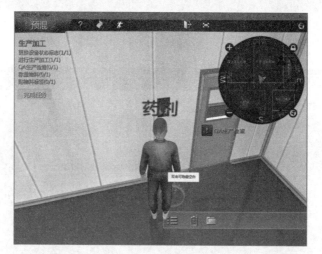

图 2-23　QA 生产检查

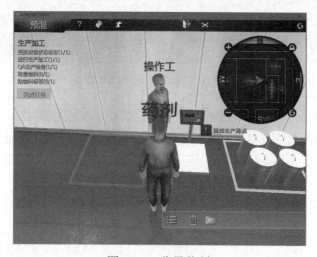

图 2-24　称量物料

4.贴物料标签：点击"贴物料标签"，签字完成，见图2-25。

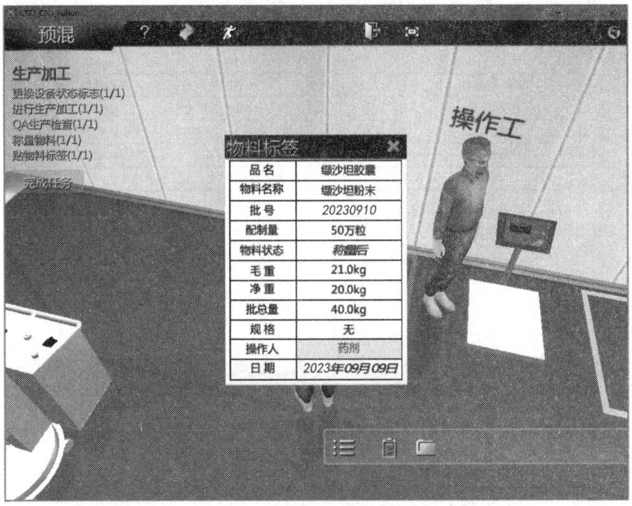

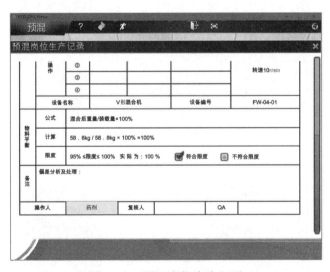

图 2-25 贴物料标签

5.点击打开"预混岗位生产记录"表，签字关闭。点击"完成任务"，见图2-26。

图 2-26 预混岗位生产记录

六、物料周转

1.通知质检员抽检：点击"通知质检员抽检"，填写请验单，见图2-27。

2.物料交接：人物移动至"中间站"，走到光圈上，触发"物料交接"，见图2-28。

3.核对物料：走到前面的光圈中触发任务对话，完成核对物料，见图2-29。

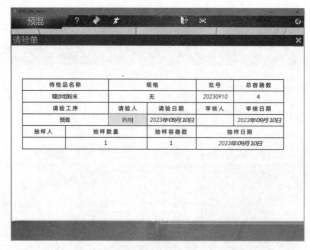

图 2-27　请验单

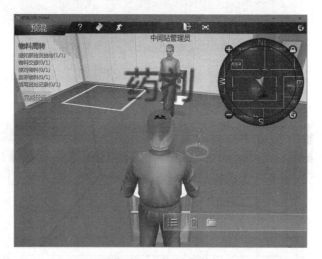

图 2-28　物料交接

图 2-29　核对物料

4. 复称物料：走到秤前面的光圈完成复称，见图2-30。

图 2-30　复称物料

5. 填写进站记录：点击"填写进站记录"，签字。点击"完成任务"，见图2-31。

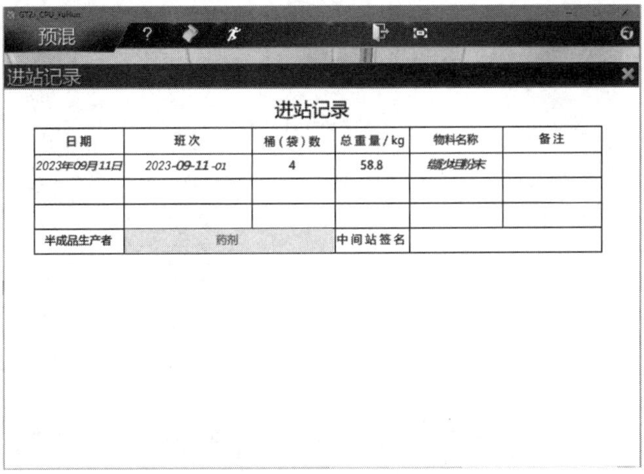

日期	班次	桶（袋）数	总重量 / kg	物料名称	备注
2023年09月11日	2023-09-11 -01	4	58.8	缬沙坦粉末	
半成品生产者	药剂	中间站签名			

图 2-31　进站记录

七、岗位清场

1. 更换生产状态标志：人物移动至"干法制粒间"门口，点击"更换生产状态标志"，签字，见图2-32。

2. 更换设备状态标志：点击"更换设备状态标志"，见图2-33。

3. 设备清洗：点击"设备清洗"进入设备清洗场景，依次"打开出料阀门""打开入料阀门""清洁剂清洗""纯化水清洗""酒精清洗""关闭入料阀门""关闭出料阀门""纯化水抹布擦拭"，见图2-34。

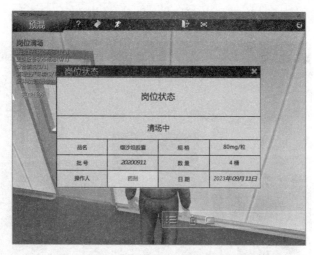

图 2-32　更换生产状态标志（清场中状态牌）

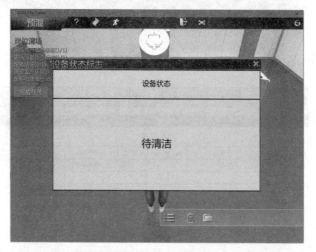

图 2-33　更换设备状态标志（设备待清洁状态牌）

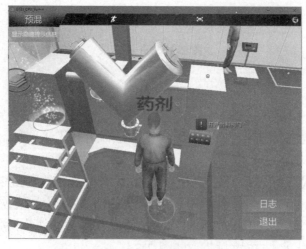

图 2-34　设备清洗

4. 清理生产环境：点击"清理生产环境"，见图 2-35。

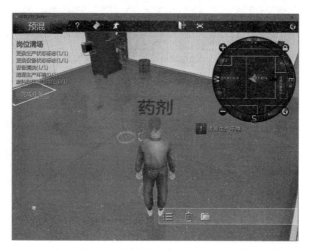

图 2-35 清理生产环境

5. 废料收集清出岗位：点击"废料收集清出岗位"，见图 2-36。

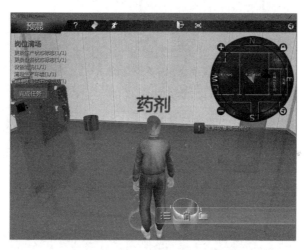

图 2-36 废料收集清出

6. 打开"清场记录"，根据实际检查情况对文件内容进行勾选，勾选结束后，签字关闭。点击"完成任务"，见图 2-37。

八、清场检查

依次进行"QA 清场检查""获取清场合格证和设备标志（正本和副本都要签字）""更换设备状态标志""更换清场合格证"，点击完成任务，见图 2-38。

九、离开车间

按要求进行衣物更换后，回到大厅，即完成全部操作练习，见图 2-39。

图 2-37　清场记录

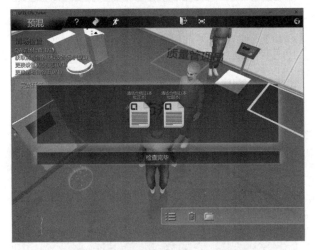

图 2-38　QA 清场检查

图 2-39　离开车间

十、日志查看

点击完成任务后，弹出日志信息，点击"操作"，即可查看操作日志及分数，见图2-40。

图2-40　查看日志

任务四　认识实训考核模块

实训考核模块实现了无纸化考核，学生对线上发布试卷经选择后进行考核，不过学生打开同一份试卷时，试题的顺序是随机无序打乱的。

在首页单击"作业考核"，进入学生登录界面，如图2-41所示。

图2-41　学生登录界面

每位学生输入自己的学号和姓名后，单击"确认"按钮后，进入"进入考试"界面，如图 2-42 所示。

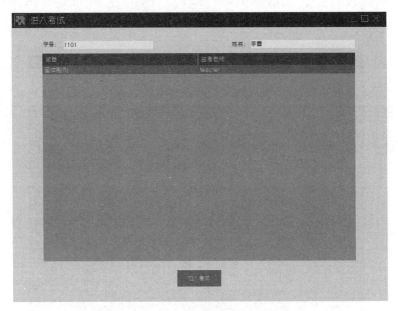

图 2-42　进入考试界面

单击选中需要考试的试卷，点击"加入考试"按钮，进入"正在考试"界面，案例展示如图 2-43 ～图 2-45 所示。

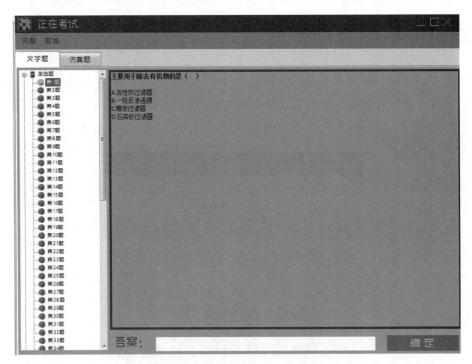

图 2-43　正在考试文字题界面

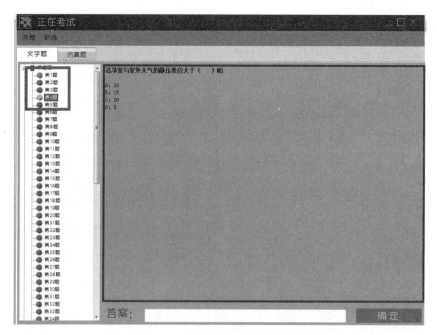

图 2-44　考试做题情况界面

每个文字的前面会有个颜色标志，红色表示未完成的试题，黄色表示正在做的试题，绿色表示答题完成，这样可以更好地帮助学生判断试题完成的进度。

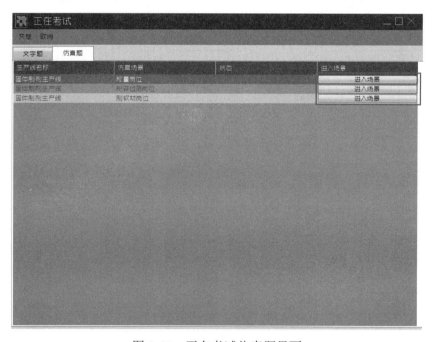

图 2-45　正在考试仿真题界面

点击"进入场景"按钮，进入仿真考核场景。考核模式下，仿真场景是不能参考帮助视频的，界面见图 2-46。

图 2-46　考试模式下的仿真场景界面

　　将文字题和仿真题都做完后点击左上角"交卷"按钮，提交试卷到服务器，自动进行判分处理和统计，考试完成，学生可以退出实训考核模块。

项目三

制药用水和空气

🌐 知识目标

1. 掌握纯化水和注射用水生产技术。
2. 熟悉制药用水种类及主要用途。
3. 了解制药用水生产设备的使用与日常维护。

🎯 技能目标

1. 会生产纯化水、注射用水。
2. 会说出制药用水种类及主要用途。

💡 思政素质目标

1. 具有良好的职业道德和行为规范。
2. 具有创新精神和团队合作精神。
3. 具有一定的自学能力。

药品是特殊商品，其质量优劣直接影响到人体健康和生命安全。药品的质量稳定与安全与药品的疗效同样重要。药品一旦受到污染，可能会造成无法估量的损失。

根据污染来源的不同，可将药品的污染分为尘埃污染、微生物污染、遗留物污染。

（1）尘埃污染是指产品因混入其他尘粒变得不纯净，包括尘埃、棉绒、纤维及人体脱落的皮屑等各类污物。

（2）微生物污染是指由微生物及其代谢物所引起的污染。

（3）遗留物污染是指生产中使用的设施设备、器具、仪器等清洁不彻底致使上次生产的遗留物对药品造成污染。

各类污染物的主要传播介质是空气、水和人员。

（1）空气中含有尘埃，可进入生产过程的每个角落，如果不经净化处理，必然会对生产过程造成污染。

（2）水是制药过程中必不可少的物质，不同的制药过程对水的质量要求也不同，因此必须采取适当的处理技术以满足工艺要求。

（3）人本身就是一个带菌体和微粒产生源，但人员是药品生产中必不可少的操作者，生产人员进入制药车间，必须经过一系列程序，以达到防止药品污染的目的。

任务一　认识制药用水系统

制药用水主要是指药物制剂配制、使用时的溶剂、稀释剂及药品包装容器、制药器具的洗涤清洁用水。

一、制药用水的种类及质量要求

根据使用范围不同，制药用水可分为饮用水、纯化水、注射用水及灭菌注射用水。

1. 饮用水

饮用水应符合生活饮用水国家标准。可作为药材净制时的漂洗、制药用具的粗洗用水，也可作为药材的提取溶剂。

2. 纯化水

纯化水应符合《中华人民共和国药典》（简称《中国药典》）纯化水标准。通常采用检测纯化水电阻率的大小来反映水中各离子的浓度。电阻率越大，水中离子浓度越低。制药行业纯化水的电阻率通常要求 $\geq 0.5 M\Omega \cdot cm$（25℃）。用于注射剂、滴眼剂容器冲洗时，电阻率应 $\geq 1 M\Omega \cdot cm$（25℃）。

纯化水一般由饮用水经过蒸馏、电渗析、反渗透或离子交换等方法制得。可作为配制普通药物用的溶剂或者实验用水，也可作为中药注射剂、滴眼剂等灭菌制剂或者其他非灭菌制剂所用药材的提取溶剂；口服、外用制剂的配制溶剂或者稀释剂；非灭菌制剂用具的清洗。纯化水不得用于注射剂的配制和稀释。

3. 注射用水

应符合《中国药典》中注射用水的有关要求。注射用水 pH 值应为 5～7，氨应符合规定 $\leq 0.00002\%$，每 1ml 中含细菌内毒素量应小于 0.25EU，每 100ml 中细菌、霉菌酵母菌总数不得超过 10 个。

注射用水为纯化水经蒸馏后制得。可作为配制注射剂的溶剂或稀释剂，直接接触药品的设备、容器及用具的最后清洗用水，也可作为配制滴眼剂的溶剂、无菌原料药的精制用水。

4. 灭菌注射用水

其质量应符合《中国药典》中灭菌注射用水标准。灭菌注射用水为注射用水按照注射剂生产工艺制备所得的水，不含任何附加剂，主要用作注射用灭菌粉末的溶剂或注射用浓溶液的稀释剂。

本实训项目为纯化水生产装置。

二、制药用水生产系统的设计依据

制药用水生产系统设计时需依据当地的水质状况来确定预处理填料选型和反渗透（RO）主机部分的选型，水质状况可从企业自来水进水口取样分析，对照当地水厂水质报告或当地疾控中心的水质报告，取得相应水质数据。

根据我国药典标准以及企业的内控标准，确定好最终的水质标准后，完成制药用水生产系统工艺设计的框架。如国内的药典标准是纯化水的电阻率 $\geq 0.5 M\Omega \cdot cm$（25℃），在一些水质较差的地区，二级 RO 的设计可能就无法满足要求。

三、原水主要关注指标

（1）溶解性总固体（TDS）。TDS 通常可以间接反映原水的电导率情况，一般 TDS 的 1.5 ～ 2.3 倍是原水电导率的范围。

（2）硬度（以 $CaCO_3$ 计）。200mg/kg 以下的水质加阻垢剂即可，200 ～ 300mg/kg 的水质酌情考虑，350mg/kg 以上的水质建议加软化器。

（3）微生物指标。根据微生物指标，考虑是否加抑菌加药装置。

（4）硝酸盐。RO 装置对硝酸盐的去除率有限，如果原水中硝酸盐浓度比较高，可考虑增加 EDI（连续电除盐技术）。

（5）铁锰离子。若原水中铁锰离子超标，可考虑增加以锰砂为填料的过滤器，增加曝气装置，避免铁锰胶体污染。

四、常见工艺分析

根据国内水质情况，常用的工艺设备主要有 RO、EDI、预处理机组、超滤、纳滤、脱气膜等几种。

1. 预处理机组

原水的预处理机组通常包括原水罐、多介质过滤器、活性炭过滤器、软化器等。

① 原水储罐为上下带有椭圆封头的立式罐状结构，可采用 304B 不锈钢或非金属（如聚乙烯）制成，原水储罐多为单层。应设置水位电磁感应液位计，保持适当液位，以保证增压泵能正常工作。原水罐内水质应满足饮用水标准要求。

② 石英砂过滤器以成层的砂、细碎石或其他材料为过滤床层，原水通过过滤层时，原水中的泥沙、胶体、金属离子以及有机物被截留、吸附，起到过滤的作用。原水进入石英砂过滤器前，可向水中加入絮凝剂。絮凝剂可使水中悬浮物、大分子有机物通过电中和、混凝、架桥、胶体吸附等作用形成较大颗粒悬浮物，进而在石英砂过滤器中除去。

③ 活性炭过滤器本体是立式罐状结构，材质常用 304 不锈钢，内部做防腐处理。填充物为以煤、木炭或果壳为原料，以焦油为黏合剂制成的颗粒状吸附过滤材料。可以达到进一步吸附杂质、微生物，除去有机物、除去氯的目的。

④ 软化器为立式罐状结构，常用 304 不锈钢制成，内部做防腐处理。软化器的监控重点为水的硬度，即水中钙、镁离子的含量。装填一定高度的离子交换树脂，起到去除钙、镁离子，软化水质的作用。软化器还应配有盐箱，以加入盐水，使交换树脂再生。进入软化器前，可向原水中加入还原剂。氧化性介质对于反渗透膜组件有降解或者穿透的作用，加入还原剂可以降低氧化性介质对反渗透膜的影响。

2. 工艺组合

根据不同情况进行模块组合，衍生出以下工艺：

（1）预处理过滤机组 + 两级 RO

该工艺是较为传统的工艺，适用于许多地区，出水水质可以达到纯化水的要求。当对纯化水要求较高，或原水中硝酸盐含量较高时，该工艺则无法满足要求。

RO 即反渗透，反渗透是渗透的逆过程，是指借助一定的推力（如压力差、温度差等）迫使溶液中溶剂组分通过适当的半透膜，从而阻留某一溶质组分的过程。能除去 90% ～ 95% 的一价离子、98% ～ 99% 的二价离子，能除去微生物和病毒，但除去氯离子能力有限，无法达到药典要求。

（2）预处理过滤机组 + 两级 RO+EDI

该工艺出水水质好，几乎适用于所有水质的原水。但投资较大，运行维护成本较高。当药厂生产水针、冻干粉针剂等高附加值产品时，该工艺较为合适。

EDI 意为"电去离子"，又称连续电除盐技术，将电渗析技术和离子交换技术融为一体。在一对阴阳离子交换膜之间充填混合离子交换树脂就形成了一个 EDI 单元，通过阳、阴离子膜对阳、阴离子的选择透过作用以及离子交换树脂对水中离子的交换作用，在电场的作用下实现水中离子的定向迁移，从而达到水的深度净化除盐，并通过水电解产生的氢离子和氢氧根离子对装填树脂进行连续再生。

（3）预处理过滤机组 + 一级 RO+EDI

水质较好、硬度较低的地区，可以选择该工艺，同样可以达到较好的净化效果。但结垢对 EDI 影响较大，一旦结垢，EDI 的性能会大幅下降；另外，EDI 对进水电导率也有一定的要求，因此，对 EDI 之前的工序要求较高。当原水水质较差时，一级 RO 的出水，很难达到 EDI 进水的要求。

本实训装置采用该工艺。原水净化时，依次经过原水罐、石英砂过滤器、活性炭过滤器、阳离子树脂软化器、反渗透装置、EDI 装置、纯化水储罐、微滤器、紫外线杀菌器等。若要制备注射用水，还需要经过蒸汽发生器。

五、岗位仿真实训

本岗位主要工作任务是按照相关要求，在制水间，完成纯化水制备操作，并生产出合格的纯化水。操作完成后，进行清场。主要操作步骤见表 3-1。

表 3-1 纯化水制备操作步骤

序号	任务	具体操作	备注
1	领取生产文件	《纯化水制备过程质量检测记录》	领取各文件，并正确填写相关信息
		《生产前记录》	
		《纯化水设备运行记录》	
		《请验单》	
		《清场记录》	
2	生产前检查	检查岗位清场合格证	按要求完成各操作步骤
		检查地沟	
		检查 EDI 装置状态标志（完好 已清洁）	
		检查一级反渗透装置状态标志（完好 已清洁）	
		更换生产状态标志（正在生产）	
3	岗位生产	更换一级反渗透设备状态标志（运行中）	按要求完成各操作步骤
		更换 EDI 装置状态标志（运行中）	
		制备纯水操作	
		QA 生产检查	
4	水质抽检	通知质检员抽检	按要求完成各操作步骤
		抽样检测	
		领取合格证	
5	岗位清场	关闭设备	按要求完成各操作步骤
		更换岗位状态标志（清场中）	
		更换一级反渗透状态标志（待清洁）	
		更换 EDI 装置状态标志（待清洁）	
		清洁地面	

续表

序号	任务	具体操作	备注
6	清场检查	QA 清场检查	按要求完成各操作步骤
		获取清场合格证	
		更换一级反渗透装置状态标志（已清洁）	
		更换 EDI 装置状态标志（完好　已清洁）	
		更换岗位生产状态标志	

思考题

简述制药用水的操作步骤。

任务二　认识空气处理系统

空气中通常会悬浮着各类微粒，包括灰尘、纤维、毛发、煤烟、花粉、细菌、真菌等。这些微粒都很轻，可以长期悬浮于大气中。如果含有这些微粒的空气进入药品生产车间，必然会对药品产生污染，影响药品质量。空气净化技术能除去空气中的尘埃与微生物，获得具有一定洁净度的空气，因此药物制剂过程常采用空气净化技术。

一、设备简介

空气处理机组通过不同功能的组合可以实现对空气的混合、过滤、冷却、加热、加湿、除湿、消声等处理，得到生物洁净室所需洁净要求的洁净空气，再用风管分别送到不同的洁净室内。

空气处理设备的风量、供冷量、供热量、机外静压、噪声及漏风率等性能的优劣直接关系到洁净室受控环境条件的实现与否。空气处理机组属于成套设备，通常是由具有对空气进行一种或几种处理功能的单元段组合而成的。其组件包括金属箱体、风机、加热和冷却盘管、加湿器、空气过滤装置等。

目前医药生产企业多采用净化组合式空调机组，是由各种空气处理功能段组装而成的不带冷热源的一种空气处理设备，适用于风管阻力等于或大于 100Pa 的空调系统，具有对空气进行一种或几种处理功能。净化型空调机组的基本功能段有：混合段（新回风混合）、初效过滤段、中效过滤段、表冷段、热盘管段、电加热段、各种加湿段、风机段、消声段等单元体，见图 3-1。

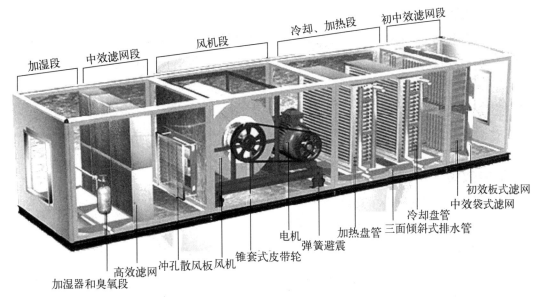

图 3-1 净化组合式空调机组示意图

二、净化型空调机组的基本组成

1. 新、回风混合段

该段对空气进行混合，主要是完成空气的导入，并且可调节回风与新风的比例，以满足空调环境的需要。也可单独作为新风段或回风段。新风、回风、排风口可根据需要配套风阀（手动、电动），一般配备电动风阀。

2. 初效过滤段

净化空调的初效段多用作对新风及大颗粒尘埃的过滤控制，主要对象是大于 10μm 的尘粒，设有板式过滤器或粗效袋式过滤器，其过滤效率可达 60%～95%（计重法）。初效段的主要功能是对新风中的微粒进行过滤，可以保护并延长中效过滤器的使用寿命，同时确保机组内部的环境不被新风所污染，保证换热器表面清洁。此外在系统停运时，初效段还可以有效地防止室外污染风的倒灌。

3. 表冷段

表冷段用于对净化空调系统的新风、回风进行降温冷却处理。冷源一般为低温冷冻水（7～12℃），内设 JB 型铜管串铝片热交换器及玻璃钢或铝合金挡水板，表冷器的管材多为 φ16 铜管串铝片，铝片片距 3.0mm，采用二次翻边皱纹处理，以增加换热效果。换热盘管多为 4、6、8 排，最多不超过 8 排，如焓差过大，可设两段表冷段。表冷器组装方式和台数，根据处理风量的多少而确定。一般 3 万风量以上的机组要采用两台以上的表冷器。表冷段后应设挡水板，以有效截留空气中的水滴，挡水板材料多为 ABS 塑料或铝合金。

4. 加热段

加热段用于对新风、回风进行升温加热处理。热源有热水（95～70℃）和低压蒸汽。与表冷器相同，内设 JB 型铜管串铝片热交换器或 GL 型钢制加热器，换热器的管材也多为 φ16 铜管串铝片，但是如果热源采用蒸汽，换热器最好采用钢管绕片而不是铜管串铝片，因为铜管的承压能力低。加热段的换热盘管多为 2 排、4 排。如采用热水，进水方式为下进上出；如采用蒸汽，进汽方式为上进下出。

5. 中效段

中效段的主要控制对象是介于 1～10μm 之间的尘粒。内置袋式无纺布中效过滤器，中效段一般置于净化机组后端。

6. 风机段

风机段是净化空调机组中较大的一个功能段，供输送空气用。风机采用低噪声高效率离心风机，出风口设有帆布软接管与箱体连接。风机段出风方向有竖向、水平两种。为减少振动造成的影响，风机采取有效的减振措施（如设置减振器），风机和电动机安装在一个共用减振座上。而中效段置于机组末端的目的之一，就是将机组运转过程中产生的微粒和微生物截留下来。净化机组风机风量不宜过大。风机风量一般在 $4×10^4 m^3/h$ 以下，不宜超过 $5×10^4 m^3/h$。风量过大，系统风量分配困难，不易平衡；风管断面大，占用空间；机组箱体强度和漏风率易受影响。

7. 杀菌段

为了给洁净室进行灭菌，目前的空调净化系统都具有杀菌功能，通过内置臭氧发生器可以有效地对洁净区进行消毒灭菌。

用于空气处理的臭氧发生器，可选择低浓度经济型的开放式臭氧发生器，它包括有气源开放式和无气源开放式两种，一般选有气源机型。该类臭氧发生器结构简单、价格低廉，但工作时臭氧发生量受温度和湿度影响。

8. 消声段

通过内置消声器来降低噪声，消声器有阴性、抗性、共振和阻抗、阻共复合等几种类型。

9. 加湿段

根据 GMP 要求，无特殊需要时的洁净室（区）相对湿度应控制在 45%～65%。所以对于干燥的季节，应采取加湿措施，以保证洁净室内空气的湿度。

三、净化型空调机组的特征

净化型空调机组与一般空调机组相比有如下特征：
① 净化型空调机组所控制的参数除一般空调系统的室内温、湿度之外，还

要控制室内的洁净度和压力等参数，并且温度、湿度的控制精度较高。

② 净化型空调机组的空气处理过程，不仅对空气进行热、湿处理，还必须对空气进行多水平过滤。

③ 净化型空调机组必须保证较大的风量，以满足换气次数和气流流速的要求。

四、净化空调机组的安装

① 机组应安装在水平基础上，基础为槽钢或混凝土结构。风机、表冷器、加热器等重载荷必须集中作用于基础上。

② 机组的四周均应有 0.8m 以上的检修间距，以便机组检查及维修。

③ 用户应在机组四周作一明沟，在明沟最低处设排水口并接至下水道。

④ 机组最下部的水管为冷凝水排放管，排水管应设存水弯，并与外部管路连接，以保证冷凝水顺利排放。

⑤ 机组的进出风口与风道间应用软接管连接。与机组连接的风道和水管的重量不得由机组承受。

五、净化机组的使用与维护

① 装置开机时，应先打开总电源，根据新风质量和室内洁净度要求，按顺序启动相应单元。

② 机组冷媒使用的低温冷冻水和热媒使用的热水，水质应做软化处理。

③ 冷（热）水在换热器内的流速宜控制在 0.6 ～ 1.8m/s，其工作压力不应超过 1.2MPa。

④ 冬季机组临时或较长时间停机时，应关闭新风阀，将换热器内水放干净，以防冻坏换热器。

⑤ 定期检查机组的电气设备，不得有漏电现象发生。

⑥ 空气过滤器必须定期清洗，两次清洗时间间隔视使用环境而定。当终阻力达到初阻力的 2 倍时应更换空气过滤器。

⑦ 机组运行 2 ～ 3 年后应全面保养。用化学方法清除换热器内的水垢，用压缩空气或水冲洗换热器翅片。

⑧ 机组应由专人管理，运行中应定期检查机组的运行情况，发现异常应及时排除。

思考题

1. 净化型空调机组的基本组成包括哪几部分？

2. 在使用净化型空调机组时，应该注意哪些问题？

项目四

固体制剂的生产

🌐 知识目标

1. 掌握散剂、颗粒剂和片剂的概念、制备工艺流程；药物粉碎、制粒等单元操作的方法、设备及注意事项。

2. 熟悉固体剂型的制备工艺；散剂、颗粒剂和片剂的特点、粒度要求、质量要求。

3. 了解散剂、颗粒剂、片剂、胶囊剂等具有的共同特点及其在制备、储存中可能出现的问题及相应的解决措施。

🎯 技能目标

1. 能按照工艺流程独立完成散剂、颗粒剂、片剂的制备，能解决制备中出现的问题。

2. 能正确操作粉碎机、混合机、制粒机、压片机、包衣机、胶囊填充机等设备。

3. 具有分析典型处方的能力。

💡 思政素质目标

1. 具有良好的职业道德和行为规范。

2. 具有创新精神和团队合作精神。

3. 具有一定的自学能力。

4. 树立良好的药物制剂质量意识。

本项目以阿司匹林的生产过程作为实训项目，所得产品包括片剂、硬胶囊剂和颗粒剂三种剂型。通过本项目的学习，同学们可以充分了解固体制剂的生产过程，并掌握称量、粉碎过筛、制软材、制浆、切割制粒、流化床制粒等二十余个岗位的操作过程，实现对固体制剂生产全流程的掌握。固体制剂生产过程的工艺流程图见图 4-1。

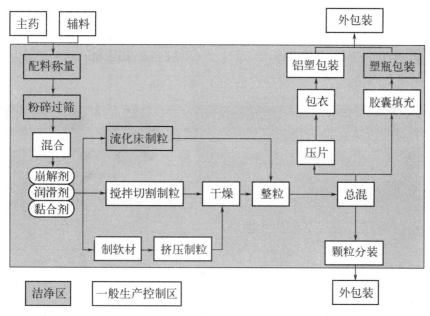

图 4-1　口服固体制剂生产过程工艺流程图

任务一　熟悉固体制剂车间

固体制剂生产车间，建筑面积拟为 2250m²，根据 GMP 相关要求，按 D 级洁净度标准设计。公用辅助工程、车间外走道、总更衣区域为一般生产区域，外包装间为一般生产控制区。药品生产环境达到洁净甚至无菌。非洁净区布局示意图见图 4-2。

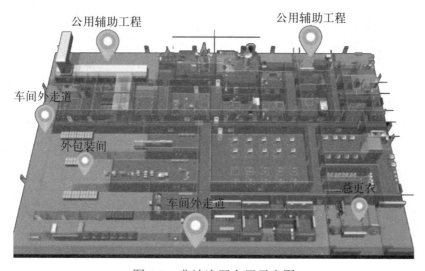

图 4-2　非洁净区布局示意图

空气净化系统，通过合理的空气过滤器设计与组合、气流组织设计、梯度压差设计等空气净化技术，保证药品生产环境的尘埃粒子数、微生物、风速或换气次数、气流组织、静压差、温度、湿度、自净时间等达到 GMP 要求。空气净化系统示意图见图 4-3。

图 4-3　空气净化系统示意图

制药用水系统，是药品生产的重要支持系统，通过采用砂滤、活性炭过滤、水软化等对原水进行预处理，再通过二级反渗透或反渗透 +EDI 技术，为口服固体车间提供符合质量要求的纯化水。制药用水系统示意图见图 4-4。

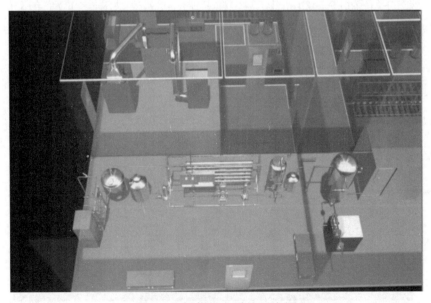

图 4-4　制药用水系统示意图

洁净室高度通常为 2.7 ～ 3m，特殊岗位根据工艺设备等原因进行局部挑高，挑高后可达 4 ～ 5m。例如流化床制粒间、湿法制粒间等。整个车间顶部采用技术夹层设计，以彩钢夹心板密封吊顶，高度在 2m 以上，空调系统送风管道、水系统管道、电线等均布置在技术夹层内，通往每个生产岗位。在技术夹层内设有检修走道，便于管道、线路、过滤器的检修、更换和维修。顶部技术夹层示意图见图 4-5。

图 4-5 顶部技术夹层示意图

该固体制剂车间包含了片剂、硬胶囊剂、颗粒剂，设计采用了先进的多中心、模块化设计理念，合并了片剂、颗粒剂、硬胶囊剂的粉碎、称量、制粒、总混工序，通过中转站，再分别进行颗粒分装、压片包衣、胶囊填充等工序，形成一头三尾的模式，不同的模块围绕中转站进行布局，有效缩短工序之间的运输路线，提高生产效率，节约人力成本，其示意图见图 4-6。

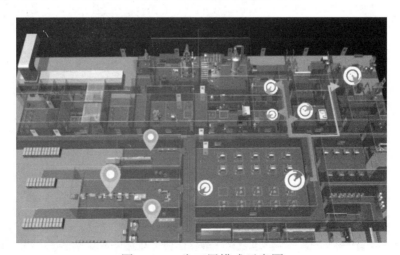

图 4-6 一头三尾模式示意图

生产人员通过人流出入口，进入大厅，放置好雨具等杂物，经由总更衣模块脱去外衣，换上工作服。外包装岗位生产人员经由车间外走道，直接进入外包装间，其余生产岗位人员经由洁净区更衣模块，脱工作服，穿上洁净服进入 D 级洁净区，经由车间内走道，进入各自生产岗位。车间内人流示意图见图 4-7。

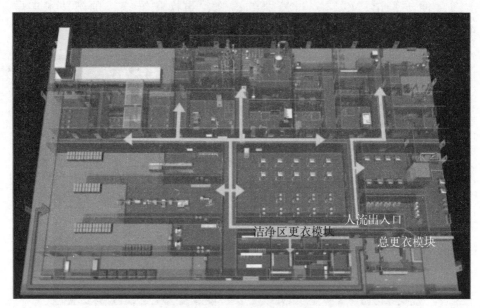

图 4-7　车间内人流示意图

外包材通过外包材入口，经由外包间进入外包材存放间。原辅料内包材通过原辅料内包材入口，经由外清间、缓冲间进入原辅料暂存间和内包材存放间，原辅料随物流在不同生产模块之间进行流转。外包材进入车间示意图见图 4-8。

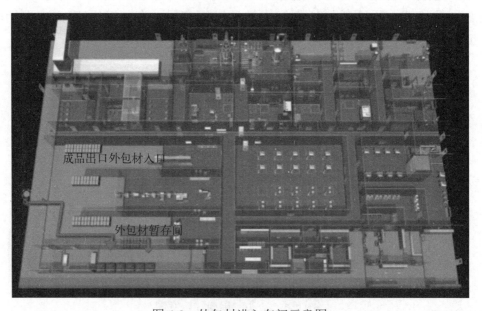

图 4-8　外包材进入车间示意图

　　根据工艺要求，原辅料从原辅料暂存间进入称量配料模块，进行粉碎、过筛、称量配料生产工序的生产。原辅料进入车间示意图见图4-9。

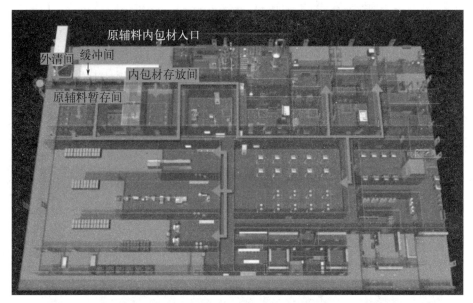

图4-9　原辅料进入车间示意图

　　称量配料模块生产中的粉尘不仅会对药品生产造成直接污染、交叉污染，还存在严重的生产安全隐患，所以增加了缓冲走道，通过压差控制，有效避免粉尘对外部洁净走道造成影响，同时，采用除尘罩，有效控制粉尘外流。缓冲走道示意图见图4-10。

图4-10　缓冲走道示意图

　　原辅料经过称量配料模块，进入相邻的制粒模块，该模块内包含流化床制粒、快速搅拌切割制粒、挤压制粒、干燥、总混工序。流化床制粒间采用防爆设计，有机溶剂由特殊密封容器直接送入防爆间，该岗位增加了正压门斗，利用压差阻止有机溶剂外溢。制粒模块设计通过改变上料、出料方式，减少物料的频繁转料，将高效湿法制粒机、流化床干燥机、提升式整粒机设计在同一操作间内，从而有效减少了物料的粉尘，降低交叉污染的风险。模块内的高效沸腾干燥机和流化床制粒机辅机部分，设置在一般生产区域的机械室内，有效降低设备噪声，减少粉尘污染。制粒模块生产加工的中间产品，可由中间站暂存，或直接送入压片、胶囊填充模块。其模块示意图分别见图 4-11 ～图 4-14。

图 4-11　制粒模块示意图

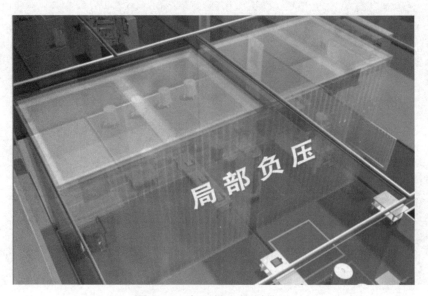

图 4-12　负压粉尘控制单元

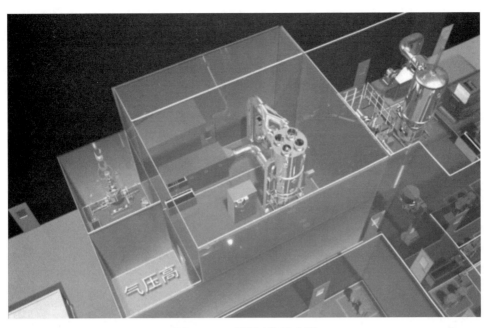

图 4-13　正压门斗示意图

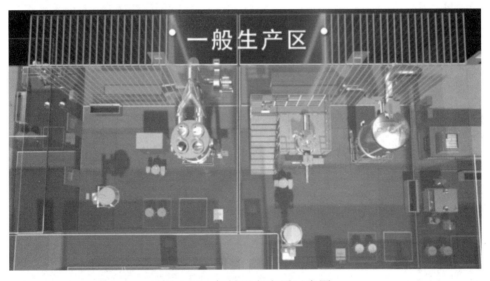

图 4-14　机械设备布置示意图

　　压片间生产完成的素片，直接送入相邻包衣间进行包衣，完成包衣工序后，进入中间站暂存。胶囊填充间生产完成的中间产品，直接送进中间站暂存，中间站的中间产品分别送入内包模块的铝塑包装间、塑瓶包装间、颗粒包装间，进行内包分装工序的生产，铝塑包装和塑瓶包装采用集内包、外包于一体的自动包装联动线，设备贯穿相关操作间，有效降低了生产人员的劳动强度，外包装间采用大通间设计，成品最终由成品出口外包材入口送进厂区综合仓库。成品出库间示意图见图 4-15。生产完成后，所有岗位上的容器具，将送至容器具清洗存放模块，使用自动化的容器具清洗机，清洗干燥后整齐存放。洁净区内工作人员换下的洁净服装箱，统一送至收衣间，通过传递窗再传入洁净区的洗衣间内进行清洗烘干，整理后装箱，再由传递窗传至更衣室。此流程可有效避免人员之间的交叉污染。容器具清洗存放模块见图4-16。

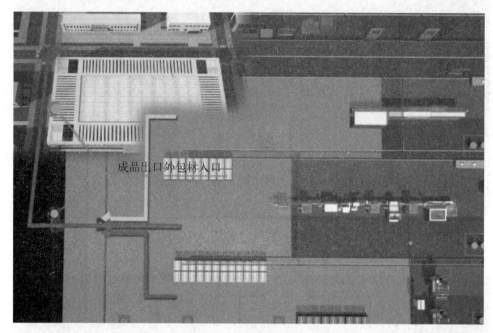

图4-15 成品出车间示意图

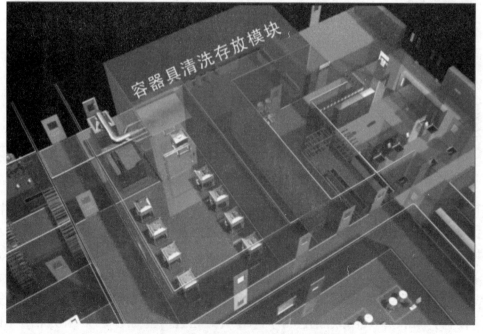

图4-16 容器具清洗存放模块示意图

任务二　领料、称量和配料岗位操作

在本工作岗位，完成领料、称量和配料等工作。

一、领料岗位

领料岗位是药品生产的关键工序，由生产车间指定的领料人员根据领料单据（依据生产指令开具）去仓库领取生产所需的原辅料或包装材料等。

1. 生产指令的形成

① 通常由企业生产部依据生产计划拟定生产指令，交物料管理部核查所需原辅料及包装材料。

② 物料供应部门审核生产指令中的原辅料及包装材料品名、数量、规格等信息，填写所需物料的编号，确认仓库中原辅料及包装材料数量、检验状态等信息。

③ 质量管理部审核生产指令中产品名称、规格、生产批号、原辅料及包装材料处方量、物料编号等信息，并确认签字。

④ 生产部负责人最终签字生效，下达生产指令至生产车间。

⑤ 生产车间专人负责接收生产指令、批生产记录和批包装记录，并对产品名称、规格、批量、批号等进行核对。核对无误后下发至各岗位。

2. 岗位生产文件

（1）领料单，见图 4-17。

领料单

部门：配料岗位　　　　　　　　　　　　　　　　　日期：2023年09月15日

序号	物品名称	规格	单位	请领数量	备注
1	阿司匹林	××目	kg	36.0	原料
2					
3					
4					
5					
部门主管：			领料人：		

图 4-17　领料单样例

（2）生产指令，见图 4-18。

生产指令—阿司匹林片

品名：阿司匹林片			
起草人：何军		审核人：张军（质量管理部）	批准人：王林（生产部）
起草日期：2023年01月03日		审核日期：2023年01月05日	批准日期：2023年01月06日
颁布部门：生产部		颁布日期：2023年01月09日	生效日期：2023年01月10日
分发部门：片剂车间、物料供应部			

2023年01月10日起，制剂车间批生产12万片。规格为:0.5g/片，批号为20230111。请车间按工艺规程和生产指令组织生产。

硬度	45~65N
脆碎度	≤1%
冲模规格	9.0mm
操作间温度	18~26℃
片重差异限度	0.475~0.525g
操作间相对湿度	45%~65%

原辅料定额量							
序号	材料名称	规格	损耗定量			生产厂家	批号
			定额量	损耗量	合计		
1	阿司匹林	药用	36.0kg	0kg	36.0kg	南京药育智能	20221113
2	淀粉	药用	24.0kg	0kg	24.0kg	南京药育智能	20221108
3	枸橼酸	药用	0.60kg	0kg	0.60kg	南京药育智能	20221107
4	滑石粉	药用	1.25kg	0kg	1.25kg	南京药育智能	20221111
5	英太奇	药用	12kg	0kg	12kg	南京药育智能	20221111
6	吐温-80	药用	0.03kg	0kg	0.03kg	南京药育智能	20221111
7	滑石粉	药用	0.96kg	0kg	0.96kg	南京药育智能	20221111
8							
备注							

图 4-18　生产指令样例

3. 物料进入车间流程，见图 4-19。

（1）核对单据：领料单与批生产 / 包装指令。

（2）检查物料：质量、合格证、检验报告书、包装完好等。

（3）计量 / 数发料：按物料消耗定额和"先进先出、近效期先发"原则发放。

（4）三方签字：领发过程中领料人、发料人、复核人签字。

（5）填卡记录：保管员及时填写货位卡、出库记录文件。

（6）领入车间：外包装材料从物流通道进入外包间（一般生产区）；原辅料、内包装材料从物流通道进入外清间，在外清间进行外包装表面清洁消毒，脱去外包装后进入缓冲间（气闸室），后送至生产车间内物料暂存间（洁净区）。

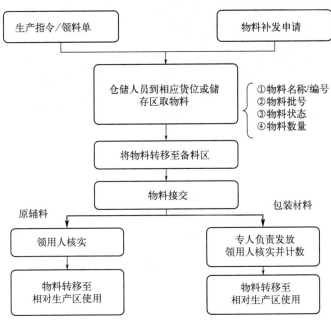

图 4-19　物料发放基本流程

二、称量配料岗位

称量配料岗位是口服固体制剂生产过程中的第一道工序，称量配料阶段的物料产出量应该高于后续生产工序所需用量，所有工序的物料损耗和平衡都需要进行精确计算。称量配料岗位如无特殊要求，洁净级别通常设计为 D 级。起始物料的称量通常设计在一个隔离的称量间中进行，局部形成负压，避免粉尘扩散。企业可根据产能不同，设计一个或多个配料模块。不同品种的产品，需要设置专属的配料模块，避免交叉污染。操作某些特殊物料（活性物质）时，还需要考虑人员的安全保护。暴露操作的防护和可清洁性是配料模块设计时需要考虑的关键因素，其平面布局图见图 4-20。

1. 称量配料设备

在开放环境配料会导致粉尘浓度超标并造成职业暴露危害，有交叉污染的风险。目前企业中采用的典型方法是在向下的层流装置中进行称量配料，同一时间只允许操作一种物料。

（1）手套箱　高危险的物料，在隔离装置（手套箱）中进行称量配料，通常装置顶部设有高效过滤器，操作台设有手套，见图 4-21。

图 4-20 称量配料岗位平面布局示意图

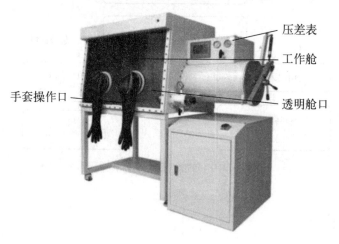

图 4-21 手套箱

（2）自动配料系统 通常是自动化的机械控制系统，设计原理是系统先把物料从各自的原容器中转移到储料容器中，通常使用重力卸载或者气动输送。然后使物料从储料容器中被卸载并以受控的方式分配到接收容器，在接收容器中物料同时会被称量。这种配料方式，效率高，建设成本也高，见图 4-22。

（3）称量间 称量间内的气流通常采用垂直单向流的设计，回风首先通过初效及中效过滤器的预过滤，将气流中的大颗粒粉尘粒子处理掉，然后通过高效过滤器，以维持保护区域粉尘处于较低水平，部分洁净空气在工作区域内循环，部分经过滤排出称量间，使工作区域内形成负压，避免粉尘向外部扩散，其结构示意图和气流分布图分别见图 4-23 和图 4-24。

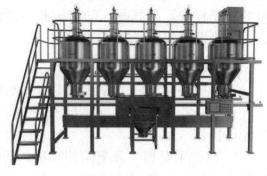

图 4-22 自动配料系统

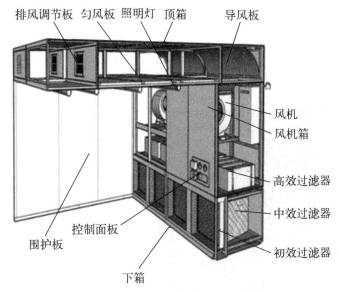

图 4-23　称量间结构示意图

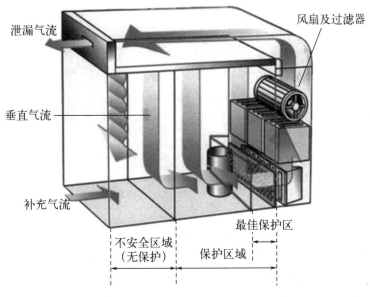

图 4-24　称量间气流分布示意图

2. 生产管理

（1）配料前，检查所有使用到的称量衡器应满足精度及准确度要求，并且经过国家计量部门的定期校验，并附有合格证。见图 4-25。

（2）配料前，检查配料区域（包括称量间内）的温湿度以及压差是否正常。

图 4-25　合格证样例

（3）配料前，检查所有配料使用的容器具清洁状态，确保在清洁有效期限内。见图4-26。

（4）从缓冲间（气闸室）领来物料后，配料前，按配料生产指令文件，核对所有原辅料的物料标签，包括物料名称、编号、批号等信息，见图4-27。

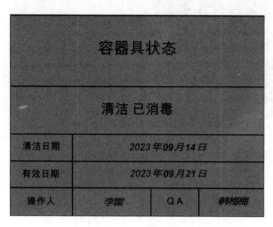

图 4-26 容器具状态标志

物料标签

品名	阿司匹林片
物料名称	阿司匹林
批号	20230917
配置量	12万片
物料状态	称量后
毛重	10kg
净重	9kg
批总量	36kg
规格	无
操作人	
日期	2023年09月16日

图 4-27 称量配料岗位物料标签

（5）配料时，先配辅料，再配主料。

（6）配料时，具有活性成分的原料，工具不能混用。

（7）配好的物料装入清洁容器中，内包装、容器外都应贴好物料标签，写明品名、物料名称、批号、重量、日期、操作人等信息，见图4-28。

（8）配料完成后，由复核人员进行复核，复核完成后，操作人、复核人、QA均需在配料生产记录文件上签字。

（9）同一批次的所有配料，应该集中存放于指定区域，与其他配料有明显的区域划分。

3. 仿真操作

（1）生产前准备 生产前进行温湿度、静压差检查，并检查是否有与本次生产无关的物料、文件等。检查相关容器具是否清洁、干燥、消毒，状态标志情况是否齐全（容器具状态标签）。检查设备是否清洁、消毒，状态标志情况是否齐全（设备状态标签），量器是否已校验。对需要称量配料的物料应核实品名、批号、数量等（物料周转标签）。

经上述检查均合格后，取下设备"已清洁"状态牌，换上"运行中"状态牌，取下操作间"清场合格证"状态牌，换上"正在生产"状态牌。填写"生产前检查记录文件"。

（2）生产操作 根据生产指令要求，倒入相应物料，进行称量配料。称量配料完毕后，接料桶填写物料周转标签，填写生产记录文件。

（3）清场操作 取下设备和操作间的"运行中"和"正在生产"状态牌，分别换上"待清洁"和"清场中"状态牌。容器具送至容器具清洗间清洗，经QA

称量配料岗位生产记录

生产日期	2023年09月16日		班　次	1班次	
品　名	阿司匹林片		规　格	0.5g/片	
批　号	20230917		理论量	12万片	
生产操作	物料名称	批号	领取量/kg	使用量/kg	剩余量/kg	生产岗位
	阿司匹林	20230917	36.0	36.0	0	粉碎
	淀粉	20230912	22.0	22.0	0	过筛
	淀粉	20230912	2.0	2.0	0	制浆
	枸橼酸	20230911	0.6	0.6	0	粉碎
	滑石粉	20230915	1.25	1.25	0	过筛
	设备名称	电子秤		设备编号	FW-01-01	
物料平衡	公式	(使用量+剩余量)/领取量×100%				
	计算	(61.85kg+0kg)/61.85kg×100%=100%				
	限度	96%≤限度≤102% 实际为：100%　☑ 符合限度　□ 不符合限度				
备注	偏差分析及处理：					
操作人			复核人		QA	

图 4-28　称量配料岗位生产记录

检查合格后，设备换上"已清洁"状态牌，操作间换上"清场合格证（副本）"标志牌，填写"清场记录文件"。

思考题

1. 物料进入车间后的具体流程包括哪些？
2. 在称量配料岗位中，简要说明其具体操作步骤。

任务三　粉碎岗位操作

粉碎岗位是固体制剂物料的前处理工序，根据生产工艺规程，对相关物料进行粉碎，保证物料细度达到后续生产工序的要求。

　　粉碎岗位通常与后续生产洁净级别保持一致，固体制剂生产中通常为 D 级。物料粉碎产生的粉尘较多，可采用前室设计或采用除尘装置形成负压，避免粉尘扩散。本项目还增加了生产缓冲走道，与外部洁净走道隔离开。

　　物料的粉碎对于固体制剂有着重要的意义，较细目数的细粉有利于溶解吸收，同时可提高难溶性药物的溶出度及生物利用度，提高各种成分的混合均一度。

一、设备介绍

　　按作用力分类，粉碎设备通常分为研磨、冲击、截断、挤压等，工作原理主要是依靠外部机械力的作用破坏分子间的内聚力，最终将颗粒大的物料粉碎，达到后续工序对物料粒度的要求。这里主要介绍企业常用的无尘粉碎机。

　　无尘粉碎机可使整个生产过程达到低温无尘的效果。主要原理是在物料粉碎的同时送入洁净的冷空气，并采用可调速螺旋加料器控制进料速度，以保证被碎物料的温度控制；通过调节旋转齿盘速度和更换不同目数的筛网来控制粒度。整个生产过程中粉体在密闭的系统中流动，经过气固分离收集粉体，排出无尘的尾气，其外观、结构示意图、粉碎室结构和环状筛网分别见图 4-29 ～图 4-32。

图 4-29　无尘粉碎机外观

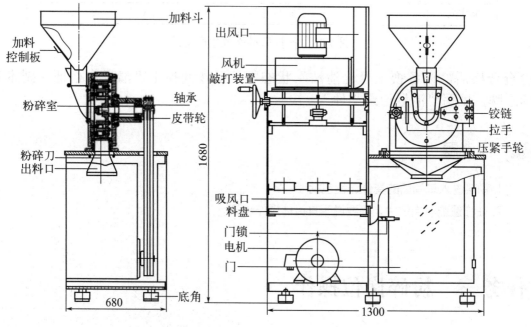

图 4-30　无尘粉碎机结构图（单位：mm）

粉碎室结构及原理：设备启动后，活动齿盘高速旋转，固定齿盘不动。物料由于离心力作用被甩向两个齿盘的钢齿间，经钢齿的撞击、研磨和剪切作用达到粉碎效果，粉碎后物料通过环状筛网进入物料收集桶。

图 4-31　粉碎室结构　　　　　　图 4-32　环状筛网

二、生产管理

粉碎生产前和结束后，需要按规定方法检查筛网的完整性，并有记录文件，见图 4-33。根据不同品种的生产实际情况，规定筛网更换的频次。

粉碎岗位生产记录

生产日期	2023年09月21日		班　次		1班次	
品　名	阿司匹林片		规　格		0.5g/片	
批　号	20230922		理论量		12万片	
生产操作	粉碎前物料总重量	36kg				
	粉碎后物料重量	桶　号	1	2	3	4
		毛重	10kg	10kg	10kg	10kg
		净重	9kg	9kg	9kg	9kg
	总桶数	4桶	总重量	36kg	余料重量	0kg
	损耗重量	0kg		废料重量	0kg	
	损耗重量	万能粉碎机	设备编号	FW-02-01	筛网	100目
物料平衡	公式	(粉碎后物料总重量+余料重量)/粉碎前物料总重量×100%				
	计算	(36kg + 0kg)/36kg×100%=100%				
	限度	95%≤限度≤100% 实际为：100%　　☑ 符合限度 □ 不符合限度				
备注	偏差分析及处理：					
操作人			复核人		QA	

图 4-33　粉碎岗位生产记录

三、岗位仿真实训

1. 生产前准备

生产前进行温湿度、静压差检查，并检查是否有与本次生产无关的物料、文件等。检查相关容器是否清洁、干燥、消毒，状态标志情况是否齐全（容器具状态标签）。检查万能粉碎机是否清洁、消毒，状态标志情况是否齐全（设备状态标签）。对需要粉碎的物料应核实品名、批号、数量等（物料周转标签）。

经上述检查均合格后，取下设备"已清洁"状态牌，换上"运行中"状态牌，取下操作间"清场合格证"状态牌，换上"正在生产"状态牌。填写"生产前检查记录文件"。

2. 生产操作

根据品种要求，按工艺规程选用所需目数的筛网，并检查筛网是否有漏孔。开启粉碎机空转试机，机器无异常响声，经检查均合格后，进行生产。

倒入物料，打开下料挡板，打开粉碎机电源开关，进行粉碎。粉碎完毕后，关闭电源开关，接料桶经过称重后填写物料周转标签，送至中间站，填写生产记录文件。

3. 清场操作

取下设备和操作间的"运行中"和"正在生产"状态牌，分别换上"待清洁"和"清场中"状态牌。容器具送至容器具清洗间清洗，经 QA 检查合格后，设备换上"已清洁"状态牌，操作间换上"清场合格证（副本）"标志牌，填写"清场记录文件"。

思考题

1. 简述无尘粉碎机的工作原理。
2. 粉碎的目的包括哪些？
3. 在粉碎岗位中，简要说明其具体操作步骤。
4. 在粉碎操作中，应该注意哪些问题？

任务四 过筛岗位操作

过筛岗位通常是粉碎岗位的后道工序，对不同细度的物料进行分选收集，筛选出细度达到后续生产工序要求的物料。

过筛岗位通常与后续生产洁净级别保持一致，固体制剂生产中通常为 D 级。物料筛选产生的粉尘较多，可采用前室设计或采用除尘装置，形成局部负压，避免粉尘的扩散。增加模块内的生产缓冲走道，与外部洁净走道隔离开。

物料的筛分主要是为了粉末分级，没有达到细度要求的物料，可再进一步进行粉碎工序。

图 4-34　振动筛外观

一、设备介绍

筛分设备种类繁多，这里我们主要介绍一种企业较常用的振动筛——SZ 系列高效旋振筛。SZ 系列高效旋振筛由料斗、筛网、振动装置、机座四个主要部分组成，其外观和结构分别见图 4-34 和图 4-35。

图 4-35　振动筛结构和筛网

通过调节偏心锤，经由电机驱动传送至主轴中心线，在不平衡的状态下，产生离心力，使物料改变运动轨迹在筛网内形成轨道漩涡，同时不停向垂直、水平方向振动。不同的分层筛网目数不同，粗料从上部出料口筛出，细料由下部出料口筛出。

药筛：药筛是指按药典规定，全国统一规格的用于药品生产的筛，或称标准药筛。筛的规格采用"目"表示，"目"表示一英寸（1 英寸 =2.54cm）长度上具有的筛眼数。药筛的等级划分见表 4-1。

表 4-1　药筛分等

筛号	筛孔内径（平均值）/μm	目号 / 目	筛号	筛孔内径（平均值）/μm	目号 / 目
一号筛	2000±70	10	三号筛	355±13	50
二号筛	850±29	24	四号筛	250±9.9	65

筛号	筛孔内径（平均值）/μm	目号/目	筛号	筛孔内径（平均值）/μm	目号/目
五号筛	180±7.6	80	八号筛	90±4.6	150
六号筛	150±6.6	100	九号筛	75±4.1	200
七号筛	125±5.8	120			

根据要求，不同细度粉末的等级划分见表 4-2。

表 4-2　粉末分等

最粗粉	指能全部通过一号筛	但混有能通过三号筛不超过 20% 的粉末
粗　粉	指能全部通过二号筛	但混有能通过四号筛不超过 40% 的粉末
中　粉	指能全部通过四号筛	但混有能通过五号筛不超过 60% 的粉末
细　粉	指能全部通过五号筛	但混有能通过六号筛不少于 95% 的粉末
最细粉	指能全部通过六号筛	但混有能通过七号筛不少于 95% 的粉末
极细粉	指能全部通过八号筛	但混有能通过九号筛不少于 95% 的粉末

二、生产管理

筛分生产前和结束后，需要按规定方法检查筛网的完整性，并有文件记录，根据不同生产实际情况，规定筛网更换的频次，并填写生产记录文件，见图 4-36。

三、岗位仿真实训

1. 生产前准备

生产前进行温湿度、静压差检查，并检查是否有与本次生产无关的物料、文件等。检查相关容器是否清洁、干燥、消毒，状态标志情况是否齐全（容器具状态标签）。检查振动筛是否清洁、消毒，状态标志情况是否齐全（设备状态标签）。对需要过筛的物料应核实品名、批号、数量等（物料周转标签）。根据品种要求，按工艺规程，选用所需目数的筛网，并检查筛网是否有漏孔，按筛分标准操作规程安装好筛网，连接好接收布袋，安装完毕，应检查密封性，合格后，开启设备试运行。

经上述检查均合格后，取下设备"已清洁"状态牌，换上"运行中"状态牌，取下操作间"清场合格证"状态牌，换上"正在生产"状态牌。填写"生产前检查记录文件"。

筛分岗位生产记录

生产日期		2023年09月21日	班 次	1班次
产品名称		阿司匹林片	规 格	0.5g/片
批号		20230922	理论量	12万片
生产操作	物料名称	处理筛目/目	领取重量/kg	处理后重量/kg
	阿司匹林	100	36	36
	设备名称	振动筛	设备编号	FW-03-01
物料平衡	公式	(处理后总重量+损耗量)/领取重量×100%		
	计算	(36kg + 0kg)/36kg×100%=100%		
	限度	96%≤限度≤102%实际为：100% ☑ 符合限度 ☐ 不符合限度		
备注	偏差分析及处理：			
操作人		复核人	QA	

图 4-36 筛分岗位生产记录

2. 生产操作

打开过筛机开关，导入破碎后的物料进行过筛。在上出料口获得大颗粒，下出料口获得小颗粒。筛选完毕后，关闭电源。取出位于下方的接料袋倒入物料桶中，取出上方接料袋进行二次破碎和过筛，并将过筛后的物料倒入物料桶中，填写生产记录文件。

3. 清场操作

取下设备和操作间的"运行中"和"正在生产"状态牌，分别换上"待清洁"和"清场中"状态牌。容器具送至容器具清洗间清洗，经 QA 检查合格后，设备换上"已清洁"状态牌，操作间换上"清场合格证（副本）"标志牌，填写"清场记录文件"。

思考题

1. 药物粉末是如何分等的？

2. 过筛的目的是什么及在操作中应该注意哪些问题？

3. 在过筛岗位中，简要说明其具体操作步骤。

任务五 混合岗位操作

混合岗位是将同一批次生产中，相应的原料、辅料或中间产品（粉末、颗粒），按生产工艺规程，进行混合操作。

混合岗位如无特殊要求，洁净级别通常设计为 D 级。混合岗位的生产设备具有一定的特殊性，属于外部空间机械运动，对生产人员有一定的危险性，所以生产区域会采用隔离带或地面警戒线，明显地标示出生产区域。

物料混合的目的是保证配方的均一性，使同批次的中间产品含量均一，以保证最终药品的疗效相同。混合岗位通常在制粒前，将原辅料粉末进行混合，制粒后，加入润滑剂、助流剂、崩解剂等与颗粒进行混合。

一、设备介绍

目前制药企业中采用较多的混合设备分为容器旋转型混合机、容器固定型混合机。这里主要介绍容器旋转型混合机。

1. 三维混合机

三维混合机是一种广泛应用于制药、化工、食品、轻工等行业及科研单位的物料混合机。该机能非常均匀地混合流动性较好的粉状或颗粒状物料。工作时，由于混合桶具有多方向运转动作，使各种物料在混合过程中，加速了流动和扩散，同时避免了一般混合机因离心力作用所产生的物料比重偏析和积聚现象，因此混合效果较好。其外观见图 4-37。

图 4-37 三维混合机外观

2. 槽型混合机

槽型混合机用于混合粉状或糊状的物料，使不同质地的物料混合均匀。槽型混合机是卧式槽型单桨混合，搅拌桨为通轴式，便于清洗。与物体接触处全采用不锈钢制成，有良好的耐腐蚀性，混合槽可自动翻转倒料。其外观见图 4-38。

3. 双螺旋锥形混合机

双螺旋锥形混合机混合物料适应性广，对热敏性物料不会产生过热，对颗粒物料不会压碎和磨碎，对密度悬殊和粒度不同的物料混合不会产生分屑离析现象，适用于物料密度悬殊、粉体颗

图 4-38 槽型混合机外观

粒相当大的物料。其外观见图4-39。

4.V形混合机

适用于流动性较好的干性粉状、颗粒状物料混合。设备由两个筒体组成，物料被分开至两边，纵横方向流动，主要通过V形罐体的回转，将物料作集中与分散的连续往复运动，混合均匀度达到99%以上。筒体中间有搅拌铰刀，辅助分散物料，罐体采用特种不锈钢制造，内外抛光，无混合死角，放净率高，便于清洁冲洗。结构见图4-40。

图4-39 双螺旋锥形混合机外观

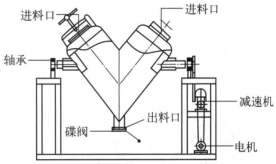

图4-40 V形混合机结构及外观

5.料斗混合机

利用存储物料的容器（料斗）直接进行旋转混合，料斗与回转轴线保持一定的角度，物料跟随料斗翻转，同时沿斗壁做切向运动，达到最佳的混合效果。因为料斗本身是物料容器，减掉了工序之间的周转，提高了生产效率，同时达到封闭式物料输送、减少粉尘、保护生产人员的效果。

料斗混合机由机座、回转体、转动系统、提升系统、制动系统以及控制系统组成，结构与外观见图4-41。

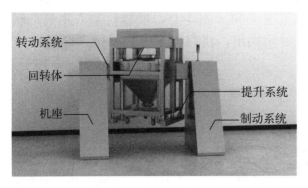

图4-41 料斗混合机结构与外观

开始生产时，先将料斗推入回转体内，并将回转体提升到工作位，自动夹持与锁紧，当压力传感器检测到锁止完成后，转动系统带动回转体作上下翻动回转的混合工作。工作期间，有人员进入警戒区域会触发红外线传感系统，紧急制动停止生产。生产完成后，料斗式混合机的清洁可采用料斗清洗机清洗，也可采用人工清洗。

二、生产管理

为检查混合操作的效果，需对混合后的物料进行取样检测。混合的取样需具有代表性，应该针对设备最可能发生死角的位置，选择合适的取样工具。

1.V 形混合机取样

V 形混合机取样点：1、2 长顶层；4、5 短顶层；3 放料口，取样点位置见图4-42。每次投料（同一批次可能投料多次）混合规定时间后，在五个取样点上各取样一次，检测物料的含量均匀度。

2. 料斗混合机取样

料斗混合机取样点分上中下三层，分别进行取样检测。取样操作示意见图4-43。

图 4-42　V 形混合机取样点位置示意图　　图 4-43　料斗混合机取样操作示意图

1 ～ 5—取样点

3.取料器

分层取样器由两根紧密配合的不锈钢管构成，外管、内管相同部位设有槽口，取样器外观和取样原理分别见图4-44、图4-45。取样时插入物料，转动手柄打开槽口取样，取样完毕将槽口封闭抽出，将取样器内物料倒入样品容器内。

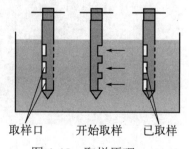

图 4-44　取样器外观　　　　　　图 4-45　取样原理

4. 生产记录文件

完成混合操作后，需要填写相应的生产记录文件，见图4-46。

物料混合岗位生产记录

生产日期						2023年09月25日			班　次			1班次	

生产日期	2023年09月25日		班　次	1班次
品　名	阿司匹林片		规　格	0.5g/片
批　号	20230926		理论量	12万片

		物料名称			用量		
生产操作			阿司匹林			36kg	
			淀粉			22kg	
			枸橼酸			0.6kg	
	混合操作	次数	时间/分钟	装载量/kg	混合后重量/kg		备注
		①	30	58.6	58.6		
		②					
		③					
		④					
	设备名称		V形混合机		设备编号		FW-04-01
物料平衡	公式		混合后重量/装载量×100%				
	计算		58.6kg/58.6kg×100%=100%				
	限度		95%≤限度≤100% 实际为：100%	☑ 符合限度　☐ 不符合限度			
备注	偏差分析及处理：						
操作人			复核人			QA	

图4-46　物料混合岗位生产记录

三、岗位仿真实训（V形混合机操作）

　　V形混合机是新型、高效、精细容器回转、搅拌型混合设备，用于各种粉状、粒状物料的均匀混合。主要组成包括：真空系统（真空泵、气体净化罐）、混合机、物料桶、出料桶。

1. 生产前准备

　　生产前进行温湿度、静压差检查，并检查是否有与本次生产无关的物料、文件等。检查相关容器是否清洁、干燥、消毒，且在有效期限内，状态标志情况是否齐全（容器具状态标签）。检查 V 形混合机是否清洁、消毒，且在有效期限内，状态标志情况是否齐全（设备状态标签）。对待混合的物料应核实品名、批号、数量等（物料周转标签）。开机前，检查人员、容器等是否在安全线外，检查设备的电源，打开"点动"按钮，试运转，打开"启动"按钮，根据听（是否有异常声音）、看（机器是否在运行）、比（和正常状态进行对比），判断是否正常运行。检查完毕，按"停止"按钮，填写生产前检查记录文件。设备状态更换成"运行中"状态标志牌；门上更换为"正在生产"状态标志牌。

2. 生产操作

通过真空泵将气体从设备内抽吸出来，使得 V 形混合机内达到一定的真空度，原料桶外界和管子内产生压力差，从而将原料吸进混合机内。工作原理见图 4-47。确定混合容量不要超过总容量的 40%。启动机器按规定时间、次数进行正转、反转混合，高速旋转的搅拌叶片打碎结团物料，使物料在筒体内快速混合，生产一段时间后，要进行取样检测，需停机操作，获得样品原料粉。打开混合机左边的密封盖，将取样器插入混合机取样。查看样品是否符合要求。抽样合格后，关闭混合机的密封盖，启动机器。混合结束，按"停止"按钮，停止搅拌混合，按"点动"按钮，调节出料口到最低点，将接料桶移至下方，打开出料把手，出料到接料桶中。接料桶经过称重后，填写物料周转标签，送至中间站。填写生产记录文件。V 形混合机操作步骤见表 4-3。

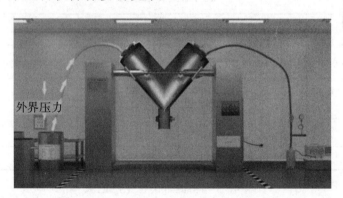

外界压力

图 4-47　V 形混合机吸料过程工作原理

表 4-3　V 形混合机操作步骤

序号	操作步骤	备注
1	启动	
2	正转	
3	反转	
4	停止	
5	倒料	

序号	操作步骤	备注
6	启动	
7	正转	
8	反转	
9	停止	
10	出料	
11	物料转移	
12	QA 生产检查	
13	称量物料	
14	贴物料标签	

3. 清场操作

取下设备和操作间的"运行中"和"正在生产"状态牌，分别换上"待清洁"和"清场中"状态牌。容器具送至容器具清洗间清洗，经 QA 检查合格后，设备换上"已清洁"状态牌，操作间换上"清场合格证（副本）"标志牌，填写"清场记录文件"。V 形混合机清洗步骤见表 4-4。

表 4-4　V 形混合机清洗步骤

序号	操作步骤	备注
1	打开出料阀门	
2	打开入料阀门	
3	清洁剂清洗	
4	纯化水清洗	
5	酒精清洗	
6	关闭入料阀门	
7	关闭出料阀门	
8	纯化水抹布擦拭设备外部	

思考题

1. 在药物混合中，常用的设备有哪些？各有什么特点？

2. 在混合岗位中，简要说明 V 形混合机混合的具体操作步骤。

任务六　制浆岗位操作

制浆岗位是黏合剂的配制工序，通常将辅料投入容器中，加适量的纯化水，搅拌加热均匀后使用。

制浆岗位如无特殊要求，洁净级别通常设计为 D 级。制浆岗位通常与制粒岗位设计在同一操作间内，以减少黏合剂的周转距离。

一、设备介绍

制浆设备通常用来混合粉状或糊状原辅料，罐体夹层可通入蒸汽进行加热。

设备主要由罐体、支架、搅拌器、夹层等组成。图 4-48 是制浆锅外观及结构图。

工作时，通过投料口按照工艺规程将原辅料、纯化水以一定比例投入罐体中，夹层通入蒸汽后，启动搅拌桨进行混合搅拌。达到混合规定时间后，将配制好的黏合剂放入保温桶内，送至生产岗位使用。

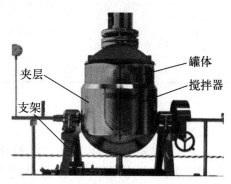

图 4-48　制浆锅外观及结构图

二、生产管理

按要求填写制浆岗位生产记录文件，如图 4-49 所示。

制浆岗位生产记录

<table>
<tr><td colspan="2">生产日期</td><td colspan="2">2023年01月10日</td><td>班　次</td><td>1班次</td></tr>
<tr><td colspan="2">品　名</td><td colspan="2">阿司匹林片</td><td>规　格</td><td>0.5g/片</td></tr>
<tr><td colspan="2">批　号</td><td colspan="2">20230111</td><td>理论量</td><td>12万片</td></tr>
<tr><td rowspan="6">生产操作</td><td>锅次</td><td>淀粉投料量</td><td>用水量</td><td>开始时间</td><td>结束时间</td></tr>
<tr><td>1</td><td>2kg</td><td>11kg</td><td>9:00</td><td>9:30</td></tr>
<tr><td>2</td><td></td><td></td><td></td><td></td></tr>
<tr><td>设备名称</td><td colspan="3">制浆锅</td><td>设备编号</td><td>FW-05-01</td></tr>
<tr><td>淀粉浆总重量</td><td colspan="4">13kg</td></tr>
<tr><td colspan="5"></td></tr>
<tr><td rowspan="3">物料平衡</td><td>公式</td><td colspan="4">淀粉浆总重量/(淀粉投料量+用水量)×100%</td></tr>
<tr><td>计算</td><td colspan="4">13kg/(2kg+11kg)×100%=100%</td></tr>
<tr><td>限度</td><td colspan="2">95%≤限度≤100% 实际为：100%</td><td colspan="2">☑ 符合限度 ☐ 不符合限度</td></tr>
<tr><td rowspan="2">备注</td><td colspan="5">偏差分析及处理：</td></tr>
<tr><td colspan="5"></td></tr>
<tr><td>操作人</td><td></td><td>复核人</td><td></td><td>QA</td><td></td></tr>
</table>

图 4-49　制浆岗位生产记录

三、岗位仿真操作

制浆机通过机械搅拌、间接加热，采用煮浆工艺制备一定浓度的黏合剂。将称取的干黏合剂采用制浆锅制浆。

1. 生产前准备

生产前进行温湿度、静压差检查，并检查是否有与本次生产无关的物料、文件等。检查相关容器是否清洁、干燥、消毒，且在有效期限内，状态标志情况是否齐全（容器具状态标签）。检查设备是否清洁、干燥、消毒，且在有效期限内，状态标志情况是否齐全（设备状态标签）。操作间状态为完好，已清洁。量（称）器检查校核合格标志。

空机运行，若无异常，挂运行中状态标志。领取并逐项核对物料名称、批号、重量、操作者、生产日期，填写生产前检查记录文件。

2. 生产操作

设备更换成"运行中"状态牌，操作间挂上"正在生产"状态标志。打开蒸汽阀门、排冷凝水阀门，直至排冷凝水阀门处有蒸汽出现，蒸汽压力达到要求。关闭蒸汽阀门和排冷凝水阀门。

称量 3L 纯化水，打开蒸汽开关，并控制蒸汽压力，将纯化水倒入锅中加热。再称量 0.75kg 淀粉和 2L 纯化水，称量后将淀粉加入纯化水中搅拌，呈糊状再加入锅中。打开搅拌开关，待加热至规定时间，关闭蒸汽阀门，关闭搅拌开关。打开活塞，将锅倾斜，倒出锅内淀粉浆。将锅回复至水平原位，关闭活塞。接料桶经过称重后，填写物料周转标签，送至下道制湿颗粒岗位。填写制浆生产记录文件。制浆操作步骤见表 4-5。

表 4-5 制浆操作步骤

序号	操作步骤	备注
1	开蒸汽阀门	
2	开排冷凝水阀门	
3	关排冷凝水阀门	
4	加入纯化水	
5	搅拌桶搅拌糊状淀粉，加入制浆锅	
6	启动设备	
7	关闭蒸汽阀门	
8	停止设备	

续表

序号	操作步骤	备注
9	制浆锅出料	
10	制浆锅复位	
11	物料转移	
12	QA 生产检查	
13	称量物料	
14	贴物料标签	

3. 清场操作

制浆锅清洗过程见表 4-6。

表 4-6　制浆锅清洗过程

序号	操作步骤	备注
1	打开密封盖	
2	洗洁剂清洗	
3	倒出锅中清洁剂，将筒体复位	
4	纯化水清洗	
5	倒出锅中纯化水，将筒体复位	
6	酒精清洗	
7	关闭密封盖	
8	纯化水抹布擦拭	

 思考题

1. 制浆岗位操作中，生产前应该做哪些准备？
2. 制浆岗位操作中，生产中应该怎样具体操作？
3. 制浆岗位操作中，简述具体的清场操作。

任务七 制软材岗位操作

制软材岗位是传统湿法挤压制粒的关键工序，原辅料粉碎后置于混合机内，加入适量的黏合剂、稀释剂、崩解剂等，经搅拌混合成均匀、松、软、黏、湿的软材，为挤压制粒工序提供中间产品。

制软材岗位如无特殊要求，洁净级别通常为 D 级，制软材岗位通常可与挤压制粒岗位、烘箱干燥岗位设计在同一操作间，以减少物料周转运输，降低生产人员的劳动强度，提高生产效率。

一、设备介绍

传统的制软材设备用槽型混合机，属于固定型混合机。

采用通轴单桨或双桨设计，桨叶设计巧妙，旋转时物料上下翻滚，同时桨叶推动物料向混合槽左右两侧产生一定角度的推挤力，使得容器内所有物料都不可能静止，达到混合均匀的效果。混合槽与槽壁上主轴孔的密封要求极高，不允许在密封圈与衬套间的间隙内残留物料，更不允许间隙内的残留物料回流到混合槽内，造成污染。设备采用端面密封、调节密封螺母，补偿轴向压力的密封方法。设备内部结构和外观分别见图4-50 和图 4-51。

图 4-50 混合槽内部结构

图 4-51 槽型混合机外观

二、生产管理

制软材过程要进行操作质量检查。

1. 混合均匀度检查

混合的取样需具有代表性，选择合适的取样工具，混合完成后从规定取样点各取 1 次。

2. 软材质量检查

软材质量跟黏合剂的使用量、搅拌时间、投料量等因素有关，根据"握之成团，触之即散"的传统经验来判断。

按要求填写制软材岗位生产记录文件，见图4-52。

制软材岗位生产记录

生产日期		2023年09月25日		班　次		1班次	
品　名		阿司匹林片		规　格		0.5g/片	
批　号		20230926		理论量		12万片	
操作记录	混合药粉总量	58.6kg					
	黏合剂名称	淀粉浆	黏合剂浓度/%	15		用量/kg	13
	湿润剂名称	—	湿润剂浓度/%	—		用量/kg	—
	设备名称	槽型混合机		设备编号		FW-06-01	
	制粒项目	1槽		2槽	3槽		4槽
	药粉装槽量/kg	29.3		29.3			
	干混时间/分钟	15		15			
	黏合剂用量/kg	6.5		6.5			
	湿混时间/分钟	30		30			
	软材总重量	71.6kg					
物料平衡	公式	软材总重量/(混合药粉总量+黏合剂用量+湿润剂用量)×100%					
	计算	71.6kg/(58.6kg+13kg+0kg)×100%=100%					
	限度	95%≤限度≤100% 实际为：100%		☑ 符合限度 ☐ 不符合限度			
备注	偏差分析及处理：						
操作人			复核人		QA		

图 4-52　制软材岗位生产记录

三、岗位仿真实训

槽型混合机用于混合粉状或糊状的物料，使不同质地的物料混合均匀。将混合好的粉末采用槽型混合机制软材。

1. 生产前准备

生产前进行温湿度、静压差检查，并检查是否有与本次生产无关的物料、文件等。检查相关容器是否清洁、干燥、消毒，且在有效期限内，状态标志情况是否齐全（容器具状态标签）。检查设备是否清洁、干燥、消毒，且在有效期限内，状态标志情况是否齐全（设备状态标签）。操作间状态完好，已清洁。对物料桶上白色物料标签的内容进行核实，所用物料为制浆后（浆料）和混合后（粉料）的物料。

检查机器润滑部位的润滑情况，检查各部位是否完好。接通电源，按"复位"按钮，使料槽水平；按"搅拌"按钮，空转一段时间后，无异常后按"停止"按钮，停止转动。填写生产检查记录文件。

2. 生产操作

设备更换成"运行中"状态牌，操作间挂上"正在生产"状态标志。

将槽型混合机机盖打开，按批生产记录规定的顺序，将物料投入槽型料筒内，盖上盖板，按下"搅拌"按钮，开始混合。物料混合达到规定时间后，按下"停止"按钮，按批生产记录所述，打开盖板，根据各品种工艺处方规定，需加入润湿剂（或黏合剂），再盖上盖板，继续搅拌均匀制成适宜的软材。料斗中，软材形成拱桥时（见图4-53），需停机操作，用聚四氟乙烯铲翻动。在槽型混合机运行过程中，不得打开盖板、用手接触物料，以防发生事故。待物料混合达到规定时间后，按下"停止"按钮，打开盖板，

浆料

图4-53 软材在槽内形成拱桥

按"卸料"按钮，使槽型料筒适当倾斜，倾出其中物料置容器中。可用聚四氟乙烯铲擦刮混合机的内部，最大限度减少物料损失。倒料完毕后，按下"复位"按钮使料槽复位到原来位置，按"停止"按钮，关闭电源。接料桶经过称重后，填写物料周转标签，物料状态为"制软后"。将物料送至中间站，填写生产记录文件。具体操作步骤见表4-7。

表4-7 制软材操作步骤

序号	操作步骤	备注
1	开机	
2	搅拌开	
3	搅拌关	
4	粉料投料	
5	搅拌开	
6	搅拌关	
7	浆料投料	
8	搅拌开	
9	搅拌关	
10	卸料	

序号	操作步骤	备注
11	关机	
12	物料转移	
13	QA 生产检查	
14	称量物料	
15	贴物料标签	

3. 清场工作

取下设备和操作间的"运行中"和"正在生产"状态牌，分别换上"待清洁"和"清场中"状态牌。容器具送至容器具清洗间清洗，经 QA 检查合格后，设备换上"已清洁"状态牌，操作间换上"清场合格证（副本）"标志牌，填写"清场记录文件"。制软材设备清洗过程见表 4-8。

表 4-8　制软材设备清洗过程

序号	操作步骤	备注
1	开机	
2	盖子打开	
3	清洁剂清洗	
4	盖上盖子	
5	搅拌	
6	停止搅拌	
7	卸料	
8	纯化水清洗	
9	酒精清洗	
10	纯化水抹布清洗外部	
11	复位	
12	关机	

思考题

1. 如何评价软材的质量？

2. 影响软材质量的因素包括哪些？

3. 在制软材岗位中，简要说明其具体操作步骤。

任务八 挤压制粒岗位操作

挤压制粒岗位是传统湿法挤压制粒的制粒工序，将软材用强制挤压的方式通过具有一定大小的筛孔或筛网来进行制粒。

挤压制粒岗位如无特殊要求，洁净级别通常设计为 D 级。挤压制粒过程会有粉尘产生，岗位应该设有相应除尘装置，生产车间通常设计为负压。

一、设备介绍

挤压制粒的设备通常分为螺旋挤压式制粒机、旋转挤压式制粒机和摇摆挤压式制粒机。本节主要介绍摇摆挤压式制粒机。

摇摆挤压式制粒机，用于将潮湿的物料制成颗粒，亦可用于粉碎凝结成块状的干物料。其结构和外观分别见图 4-54 和图 4-55。

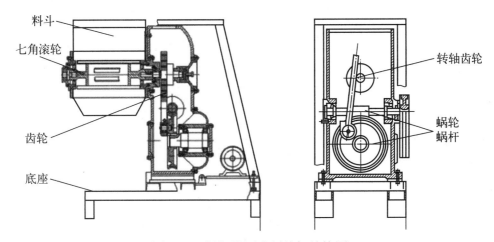

图 4-54 摇摆挤压式制粒机结构图

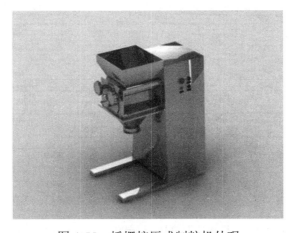

图 4-55 摇摆挤压式制粒机外观

制粒时，通过偏心轮带动齿条使滚筒做摇摆、往复式运动，将物料从下部筛网中挤出形成颗粒。滚筒采用空心三角筋设计，重量较实心筋轻，可减少因惯性产生的阻力。空心三角筋有弹性，可以缓解过硬物料造成的冲击。筛网可以根据生产工艺要求进行更换，拆装简易，筛网松紧由细牙齿轮撑住，可以适当调节。

二、生产管理

在挤压制粒过程中，筛网的目数、材质、松紧度，滚筒的形状、转速都会对颗粒的质量造成影响。

（1）制粒生产前和结束后，需要检查筛网的完整性，并记录。

（2）料斗中物料的位置应适宜。

按要求填写挤压制粒岗位生产记录文件，见图4-56。

挤压制粒岗位生产记录

生产日期	2023年09月30日		班 次		1班次	
品 名	阿司匹林片		规 格		0.5g/片	
批 号	20231001		理论量		12万片	
生产操作	软材投料总量	71.6kg				
	接料容器	1	2	3		4
	湿颗粒重/kg	17.9	17.9	17.9		17.9
	湿颗粒总重量	71.6kg		损耗量		0kg
	设备名称	摇摆挤压式制粒机		设备编号		FW-07-01
物料平衡	公式	湿颗粒总重量/软材投料总量×100%				
	计算	71.6kg/71.6kg×100%=100%				
	限度	95%≤限度≤100% 实际为：100%		☑ 符合限度 □ 不符合限度		
备注	偏差分析及处理：					
操作人		复核人		QA		

图4-56 挤压制粒岗位生产记录

三、岗位仿真实训

摇摆挤压式制粒机主要是利用加料斗底部的六个钝角菱形柱，借助机械作用力，作摇摆式往复转动，使加料斗内的软材压过装于滚轴下的筛网而形成颗粒。

1. 生产前准备

生产前进行温湿度、静压差检查，并检查是否有与本次生产无关的物料、文件等。检查相关容器是否清洁、干燥、消毒，且在有效期限内，状态标志情况是否齐全（容器具状态标签）。检查设备是否清洁、干燥、消毒，且在有效期限内，状态标志情况是否齐全（设备状态标签）。操作间状态完好，已清洁。对待制粒的药品，应核实品名、批号、数量等。

检查设备的状态和吸尘设置，然后进行筛网检查，按工艺要求，更换合格的筛网，并检查筛网是否有破损。先打开棘爪，抽出卷网轴，将选择的筛网放在下面，然后将清洁干净的卷网轴缓慢插入，让筛网的两端插入长槽内，定好棘爪，转动卷网轴手轮，将筛网包在刮粉轴的外圈上，并调松紧至适当。筛网过紧，制得的颗粒细而紧；反之，粗而松。接通电源，按下"启动"按钮，开动机器进行空运转试机，观察机器的运转情况，有无异常声音，试机后按"停止"按钮。刮粉轴转动平稳，机器才能投入正常使用。注意，不要将手接近刮粉轴以防伤手。检查完毕，填写生产前检查记录文件。

2. 生产操作

设备更换成"运行中"状态牌，操作间挂上"正在生产"状态标志。将接料桶移至下方，并将物料均匀倒入料斗内，控制加料速度，物料在料斗中应保持一定的高度。加入软材量要适量，太少不利于成粒，软材加入太多也易结团，影响下料。料斗中，软材形成拱桥时，需停机操作。可用两寸宽不锈钢铲去翻动，使软材能顺利制粒。但应注意，铲子不能与刮粉轴平行，以防铲子插入刮粉轴内而损坏设备。

点击"启动"按钮，启动机器，由于刮粉轴的摇摆作用，软材通过筛网形成颗粒，落入盛器中。生产完成后，按"停止"按钮，切断电源，清理颗粒机和筛网上的余料。接料桶经过称重后，填写物料周转标签，物料状态为"挤压制粒后"，送至中间站。填写生产记录文件。摇摆挤压式制粒机操作步骤见表4-9。

表4-9 摇摆挤压式制粒机操作步骤

序号	操作步骤	备注
1	启动设备（空运转）	
2	停止设备	
3	倒料	
4	启动设备（带料）	
5	停止设备	

续表

序号	操作步骤	备注
6	物料转移	
7	QA 生产检查	
8	称量物料	
9	贴物料标签	

3. 清场工作

取下设备和操作间的"运行中"和"正在生产"状态牌，分别换上"待清洁"和"清场中"状态牌。容器具送至容器具清洗间清洗，经 QA 检查合格后，设备换上"已清洁"状态牌，操作间换上"清场合格证（副本）"标志牌，填写"清场记录文件"。摇摆挤压式制粒机清洗过程见表 4-10。

表 4-10　摇摆挤压式制粒机清洗过程

序号	操作步骤	备注
1	取出滤网送洁具间清洗	
2	纯化水清洗	
3	酒精清洗	
4	纯化水抹布擦拭	

思考题

1. 影响制粒大小的因素包括哪些？
2. 在挤压制粒岗位中，简要说明摇摆挤压式制粒机制粒的具体操作步骤。

任务九　搅拌切割制粒操作

搅拌切割制粒岗位是湿法制粒中的关键工序，该岗位同时完成物料的混合与制粒。

快速搅拌制粒岗位如无特殊要求，洁净级别通常设计为 D 级。快速搅拌制粒岗位通常可与流化床制粒岗位、整粒岗位设计在同一操作区域内，以减少物料的频繁周转，降低污染风险，提高生产效率。

一、设备介绍

快速搅拌切割制粒岗位采用的设备是高速搅拌切割制粒机，密封性好，操作简单，具有混合、制粒等多种功能。

高速混合制粒机主要由机座、控制台、制粒仓等组成。其结构见图 4-57。工作时，物料通过真空上料装置进入制粒仓内，底部的搅拌桨先完成干混，由喷枪喷入少量黏合剂（较传统工艺用量减少约 25%）后，完成湿混（制软材）。启动侧面的切割器，同时物料产生高速搅拌和切割作用，呈现多维切变流动状态，经过挤压、碰撞、摩擦、剪切和捏合，使粒子更均匀、细致，最终形成稳定球状颗粒。

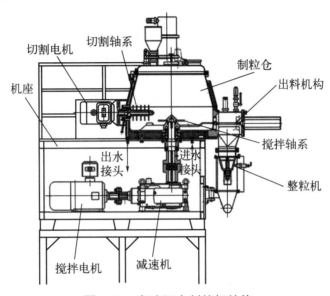

图 4-57　高速混合制粒机结构

制粒仓主要由搅拌装置、切割器、物料容器、顶盖、出料装置、黏合剂喷枪等组成。制粒仓在生产过程中是密闭状态，无尘，配有自动清洗装置。制粒仓结构见图 4-58。

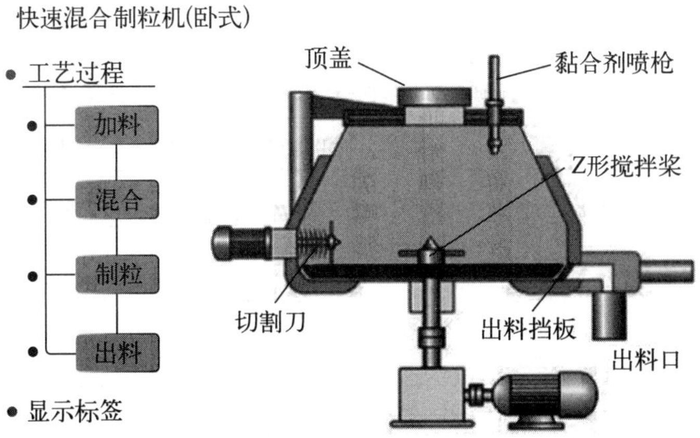

图 4-58　制粒仓结构

生产完成后，打开出料装置，颗粒经整粒装置后进入物料周转容器或直接由真空系统输送至干燥设备中。出料设备示意图见图4-59。

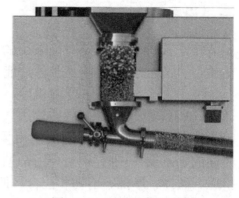

图 4-59　出料设备示意图

二、生产管理

制粒过程中，有很多复杂的难以控制的因素，颗粒的质量对后续工序，如压片等生产有重要的影响。

通常的做法是固定一些操作参数，如搅拌桨转速、黏合剂加入的速度、黏合剂液滴的大小、干混的时间，同时允许有限的几个参数调整，以达到最终生产要求（例如黏合剂的加入量和湿混的时间可以不固定，只要搅拌桨的负荷达到一定的值就可以停止操作）。

按要求填写生产记录文件，见图4-60。

搅拌切割制粒机制粒生产记录

生产日期		2023年09月30日	班　次		1班次	
品　名		阿司匹林片	规　格		0.5g/片	
批　号		20231001	理论量		12万片	
操作记录	混合药粉总量	58.6kg				
	黏合剂名称	淀粉浆	黏合剂浓度/%	15	用量/kg	13
	湿润剂名称	—	湿润剂浓度/%	—	用量	—
	设备名称	搅拌切割制粒机		设备编号	FW-06-11	
	接料容器	1槽	2槽	3槽	4槽	
	湿颗粒重量/kg	17.9	17.9	17.9	17.9	
	开机时间	9时30分				
	结束时间	15时00分				
	湿颗粒重量	71.6kg　　　4桶				
物料平衡	公式	湿颗粒总重量/(混合药粉总量+黏合剂用量+湿润剂用量)×100%				
	计算	71.6kg/(58.6kg+13kg+0kg)×100%=100%				
	限度	95%≤限度≤100% 实际为：100%		☑ 符合限度　☐ 不符合限度		
备注	偏差分析及处理：					
操作人			复核人		QA	

图 4-60　搅拌切割制粒机制粒生产记录

三、岗位仿真实训

高速搅拌切割制粒技术是将原辅料和黏合剂加入一个容器中，靠高速旋转的搅拌器和切割刀的作用迅速完成混合、切割、滚圆并制成颗粒的方法。将混合好的粉末采用快速搅拌切割进行制粒。

1. 生产前准备

生产前进行温湿度、静压差检查，并检查是否有与本次生产无关的物料、文件等。检查相关容器是否清洁、干燥、消毒，且在有效期限内，状态标志情况是否齐全（容器具状态标签）。检查设备是否清洁、干燥、消毒，且在有效期限内，状态标志情况是否齐全（设备状态标签）。操作间状态完好，已清洁。对待制粒的药品（粉料和浆料），应核实品名、批号、数量等。

检查物料锅是否有异物，接通气、水、电源，把气、水转化阀转到通气的位置，气压调至规定值，打开气动缸的锁扣，翻出气动缸，点击操作面板上的"顶升""顶降"按钮，测试气动缸，再按"顶降"按钮，将气动缸复位，锁紧。按"顶升"按钮，封住出料口，按下"混合"按钮，检查搅拌桨运转是否正常，按下"切割"按钮，检查切割刀运转是否正常，按下"切割停止"按钮，按下"混合停止"按钮，空载运行一切正常，即可以进行投料生产。填写生产前检查记录文件。

2. 生产操作

设备更换成"运行中"状态牌，操作间挂上"正在生产"状态标志。

将接料桶移到接料口下方，由真空源通过搅拌锅盖顶上的过滤器，将搅拌锅抽真空后产生负压，实现真空上料，上料结束时，真空阀关闭，排空阀打开，按"混合1速"按钮，在搅拌桨的作用下，物料除了作周向、切向、翻滚等运动外，还将物料从搅拌锅中心推向搅拌锅边缘。到达锅壁后，受力方向改变，使物料沿锅壁上升，上升的物料达到锥体部位时，受力方向沿锥体角度再次改变，物料在重力作用下，回落到锅底中间部位，并进入下一个流化过程。物料在搅拌锅内达到了充分的流化状态，实现了均匀混合。混合完成后，开启喷浆，洁净压缩空气将喷浆罐内的黏合剂输送到无气喷枪内，在压缩空气的作用下，使黏合剂雾化或成片状喷入到锅内的物料上，确保黏合剂与物料充分有效地接触。点击"切割1速"按钮，开启切割，在制粒刀的作用下形成颗粒。制粒完成后，按"切割停止"按钮，按"顶降"按钮出料塞打开，搅拌桨低速转动，推动物料缓慢排出搅拌锅，按"混合停止"按钮，物料进入湿法整粒机的整粒室内。在整粒刀与筛网的作用下，湿颗粒被整理成均匀的颗粒排出，通过合适的周转方式进入下一道工序，不再有物料流出后，方可停机。接料桶经过称重后，填写物料周转标签，物料状态为"切割制粒后"。送至中间站或干燥岗位，填写生产记录文件。搅拌切割制粒机操作过程见表4-11。

表 4-11　搅拌切割制粒机操作过程

序号	操作步骤	备注
1	开机	
2	顶升检查	
3	顶降检查	
4	顶升	
5	空运转	
6	药粉吸料	
7	混合 1 速开	
8	混合 2 速开	
9	喷浆	
10	切割 1 速开	
11	切割 2 速开	
12	切割关	
13	顶降出料	
14	混合关	
15	停机	
16	物料转移	
17	QA 生产检查	
18	称量物料	
19	贴物料标签	

3. 清场操作

取下设备和操作间的"运行中"和"正在生产"状态牌，分别换上"待清洁"和"清场中"状态牌。容器具送至容器具清洗间清洗，经 QA 检查合格后，设备换上"已清洁"状态牌，操作间换上"清场合格证（副本）"标志牌，填写"清场记录文件"。

 思考题

1. 搅拌切割制粒的设备有哪些？说明其组成部分。

2. 在搅拌切割制粒岗位中，简要说明其具体操作步骤。

任务十　流化床制粒岗位操作

流化床制粒岗位是湿法制粒中的关键工序，该岗位同时完成物料的混合、制粒、干燥，又称一步制粒岗位。

本岗位如无特殊要求，洁净级别为 D 级。由于生产过程中会产生一定粉尘，制粒间通常采用前室技术或制粒间与外室相对负压，以减少粉尘的扩散和交叉污染；如果采用流化床制粒机进行包衣工序，采用有机溶剂，则岗位应考虑设计防爆制粒间。流化床制粒机设有相应的除尘装置，可放置在相邻的机械室，减少制粒间内的机械噪声和粉尘。

一、设备介绍

流化床制粒岗位采用的设备是流化床制粒机，又称沸腾制粒机。该机型设计先进、结构合理，具有混合、制粒、干燥、包衣等多种功能，又称一步制粒机，极大地简化了工艺，降低了人员劳动强度。

其工作原理是用气流将粉末悬浮，使粉末流态化，再喷入黏合剂，使粉末凝结成颗粒，然后送入热风进行干燥，再喷入包衣液完成包衣。工作状态见图 4-61。

流化床制粒机主要由空气处理系统、喷雾系统、流化室（料仓）、扩展室、过滤室等组成，上、中、下三个仓室构成一个密闭容器，在设备上设计有特定的泄爆口，出现较大正压时，泄爆口将自动打开，泄爆物沿着泄爆通道排出仓室外，其结构见图 4-62。

图 4-61　流化床制粒机工作状态

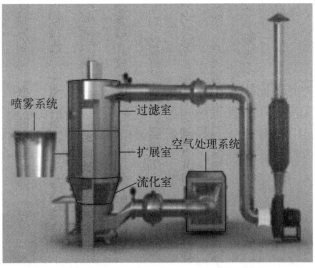

图 4-62　流化床制粒机结构图

料仓的顶升托架采用套缸式，通过双大口径气缸实现升降，从而使三个仓室完全密封。仓室的法兰之间采用法兰线与硅橡胶密封垫完成密封，无泄漏，密封性好。

流化室主要由料仓、气流分布器（空气分流板）、取样装置、观察镜、推车等组成。流化室采用倒锥形设计，消除流动"死区"。结构见图4-63。

气流分布器通常为多孔倒锥体，上面覆盖60～100目不锈钢筛网。气流分布器有两种，分别是孔板和涡旋板，可根据不同的用途进行选择。孔板用于一般制粒，涡旋板用于精确制粒及包衣。进风空气通过进风管进入机身，通过气流分布器分流，均匀分配气流量。

喷雾系统主要包括喷枪、压缩空气系统、液体输送部分。黏合剂或包衣液通过软管连接至喷枪，设备的压缩空气系统或外部输送的压缩空气连接至喷枪，提供喷雾雾化的动力。喷枪的喷嘴有单喷嘴型、三喷嘴型、五喷嘴型等，见图4-64。

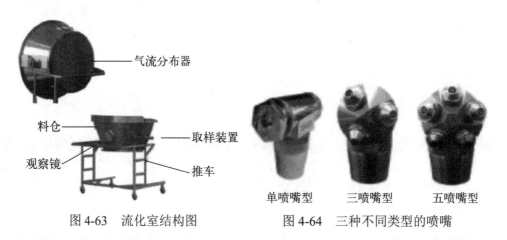

图4-63　流化室结构图　　　　图4-64　三种不同类型的喷嘴

过滤室主要由捕集除尘装置（滤袋）、吊架装置等组成。采用"双过滤仓系统"设计，保证了持续的流化状态。当其中一个过滤袋清除吸附粉尘时，另一个过滤袋可以正常工作。过滤室内装有捕集除尘装置（滤袋），通过气缸的往复运动实现捕集袋的摇振除尘。捕集袋的材料为抗静电涤纶布，布面不易产生静电，改善了静电吸附粉尘现象。滤袋悬挂在吊架装置上，安装拆洗较为方便，且在袋架中装有充气密封圈，保证活动的捕集袋架能紧密地固定在筒壁上。吊架装置上装有防坠落装置，保证设备与人员安全。

流化床制粒机按喷液方式不同可分为三类：顶喷流化床、侧喷流化床、底喷流化床。本节主要介绍顶喷流化床。

顶喷流化床主要用来制速溶颗粒、压片颗粒、装胶囊颗粒。送风气流推动料仓内的物料向上运动，进入扩展室。由于扩展室的直径比料仓直径要大，空气流速就比料仓内的空气流速低，物料的流化状态没有料仓内激烈。当物料自身重力克服了送风气流自下而上的推力后，物料下落回料仓中。在整个过程中，物料在料仓及扩展室内来回运动。流化过程中颗粒悬浮在空气中，颗粒表面与热空气完全接触，达到了最佳的热交换状态。这保证了颗粒受热均匀，多余水分能均匀地蒸发，防止了局部过热现象。液体通过气动的雾化喷嘴装置加入到系统中，扩展室上有多个喷嘴安装口，可调节喷嘴的高度。在制粒过程中，为了保证最终颗粒的粒度分布均一，喷枪的喷液覆盖范围要符合物料流化时的最大范围。在包衣过程中，喷枪的位置应调节到喷液覆盖物料运动最密集的区域，使得包衣液滴与颗粒间的距离降到最小，以便液滴在颗粒表面能良好地铺展，形成均匀的薄膜。顶喷工艺示意图见图 4-65。

侧喷流化床工艺主要应用于制致密颗粒、制中药微丸、制丸、制球形颗粒，以及薄膜包衣、缓控释包衣、肠溶包衣。将振动流化床的分布板演变为一个旋转的转盘，并与床体形成一狭小的环隙，热风由此通过。物料在转盘上由于受离心力、自身重力和热空气的重力作用形成环周的旋转运动，从而实现可塑的流化状态。侧喷工艺示意图见图 4-66。

底喷流化床工艺主要应用的生产过程包括包衣、微丸包衣、粉末包衣、颗粒包衣、薄膜包衣、缓控释包衣、肠溶包衣。在流化床包衣设备分布板中央设置雾化器，即底喷流化床。其中带扩展室的物料床中心设置圆形导向筒，分布板在导向筒区域内具有较大开孔率，以满足大部分风量通过，形成类似喷泉式的流态化。包衣液是通过安装在筛板中心的气动雾化喷嘴加入到系统中。喷嘴自下而上喷液，方向与物料运动方向相同。当雾化液滴接触到隔圈内的颗粒时，在颗粒表面铺展、结合。当颗粒流化至扩展室时，包衣液中多余的水分被蒸发掉。有序的流化状态，使得包衣膜厚薄均匀连续，这在控释制剂中是一个非常重要的因素。底喷工艺示意图见图 4-67。

图 4-65　顶喷工艺示意图　　　图 4-66　侧喷工艺示意图　　　图 4-67　底喷工艺示意图

空气处理系统由引风系统、过滤系统、加热系统等组成。过滤系统主要由初效过滤器、中效过滤器、高效过滤器构成。经过净化处理后的空气方可进入设备。

二、生产管理

在流化床制粒中，粉末靠黏合剂的架桥作用相互聚结成粒。影响因素较多，除了黏合剂的选择、原料粒度的影响外，操作条件的影响较大。如空气的空塔速度影响物料的流化状态、粉粒的分散性和干燥的速率；空气的温度影响物料表面的润湿与干燥；黏合剂的喷雾量影响粒径的大小（喷雾量增加粒径变大）；喷雾速度影响粉体粒子间的结合速度及粒径均匀性；喷嘴的高度影响喷雾的均匀性和润湿程度。

进风温度需要控制在适当的范围内。若黏合剂的溶剂为水，根据物料性质和所需颗粒的大小，进风温度一般控制在 25 ～ 55℃范围内；若黏合剂的溶剂为有机溶剂如乙醇等，进风温度应稍低，一般设定在 25 ～ 40℃范围内。温度过低，溶剂不能及时挥发，而使粉末过度润湿，部分物料粉末会黏附在器壁上不能流化，容易造成粒子间粘连而起团。温度过高，可导致黏合剂雾滴被过早干燥而不能有效制粒。

流化风量是指进入容器的空气量。风量过大，黏合剂水分挥发过快，黏合力减弱，同时黏合剂雾滴不能与物料充分接触，使颗粒粒度分布宽、细粉多。风量过低时，黏合剂中溶剂不能及时挥去，物料细粉之间过分粘连，出现粒径很大的大颗粒，形成大团块，造成塌床。

雾化空气的作用是使黏合剂溶液形成雾滴。喷雾压力过低时，雾化液滴增大，雾化液滴喷雾锥角减小，覆盖范围缩小，造成雾化液滴分布不均，容易在局部范围内产生大团湿块。

黏合剂的流速也需要控制在合理范围内，进风温度不变的情况下，增大黏合剂流速，黏合剂的雾滴粒径和设备内的湿度均增大，湿颗粒不能及时干燥而聚结成团，易造成塌床。

按要求填写流化制粒岗位生产记录文件，见图 4-68。

三、岗位仿真实训

流化床制粒机的作用是制备干颗粒，混合好的粉末在原料容器（流化床）中呈环形流化状态，受到经过净化后的加热空气预热和混合，将黏合剂溶液雾化喷入，使若干粒子聚集成含有黏合剂的团粒，由于热空气对物料不断干燥，使团粒中水分蒸发，黏合剂凝固，此过程不断重复进行，形成理想的、均匀的多微孔球状颗粒。工作状态见图 4-69。

1. 生产前准备

生产前进行温湿度、静压差检查，并检查是否有与本次生产无关的物料、文件等。检查相关容器是否清洁、干燥、消毒，且在有效期限内，状态标志情况是否齐全（容器具状态标签）。检查设备是否清洁、干燥、消毒，且在有效期限内，

流化制粒岗位生产记录

生产日期	2023年01月10日			班　次		1班次
品　名	阿司匹林片			规　格		0.5g/片
批　号	20230111			理论量		12万片
生产操作	混合药粉总量	58.6kg				
	黏合剂名称	淀粉浆	黏合剂浓度	15%	用量	13kg
	湿润剂名称	—	湿润剂浓度	—	用量	—
	项目	第(1)锅	第(2)锅	第(3)锅		第(4)锅
	加粉量	29.3kg	29.3kg			
	开始时间	9:00	10:30			
	进风温度	60℃	60℃			
	气源压力	0.45Pa	0.45Pa			
	雾化压力	0.30Pa	0.30Pa			
	结束时间	10:00	11:30			
	颗粒重量	35.8kg	35.8kg			
	湿颗粒总重量	71.6kg				
	设备名称	一步制粒机		设备编号		FW-06-11
物料平衡	公式	湿颗粒总重量/(混合药粉总量+黏合剂用量+湿润剂用量)×100%				
	计算	71.6kg/(58.6kg+13kg+0kg)×100%=100%				
	限度	95%≤限度≤100%　实际为：100%　☑ 符合限度　□ 不符合限度				
备注	偏差分析及处理：					
操作人		复核人		QA		

图 4-68　流化制粒岗位生产记录

状态标志情况是否齐全（设备状态标签）。操作间状态完好，已清洁。对待制粒的药品（粉料和浆料），应核实品名、批号、数量等。

　　检查空气压缩机润滑油加入是否到位，储气罐内是否有冷却水，如有冷却水需排尽，检查两组滤袋是否完好并系于滤袋固定架上。检查空压机电源并启动，检查调节气源输出压力（0.45MPa）、雾化压力（0.30MPa）、进风温度（60℃）及出风温度（30℃）是否正常，出风温度通常为进风温度的一半，机身内的电流与电压调到规定值左右（380V，2.7A），测试出风管道是否正常。打开"顶升"按钮，将料斗容器升起，打开"风机"和"加热"按钮，测试风机、加热，机器内部温度上升至37℃，关闭加热，关闭风机，调节压缩气压至雾化良好，

图 4-69　流化床制粒机工作状态

空载运行一切正常，即可以进行投料生产。填写生产前检查记录文件。

2. 生产操作

设备更换成"运行中"状态牌，操作间挂上"正在生产"状态标志。

点击"顶升"按钮，料斗容器上升，封闭各腔室，利用真空吸料泵吸料，加料量上限一般设定为制粒腔体容量的三分之二。空气处理单元，为设备提供了大量经加热的洁净空气，利用气流巨大的推力将原料容器内部的物料吹起，形成流化态，实现物料的混合。制粒黏合剂从保温桶被输送至喷枪，经压缩空气雾化后喷入制粒腔体，被喷着黏合剂的粉末之间相互搭桥、凝结，在悬浮流化过程中与气流携带的热量置换加热，干燥成颗粒，制粒腔体内微细的物料粉末在强大气流作用下，上升并附着在过滤袋的表面。生产一段时间后，要进行取样检测，转动取样器的槽口朝上，维持一段时间后拔出取料器，获得样品颗粒，查看颗粒状态是否符合要求，将取样器的槽口转向下方，然后复位。不取样时，取样器的盛料槽朝下。生产操作中，不定时对滤袋进行清理，反复取样查看颗粒，达到生产要求后，即可结束生产。关闭喷雾、加热、风机，点击"顶降"按钮，此时容器降下，把料斗拉出，将成品接料桶移至料斗下，打开下筒体的锁扣插销，转动出料，扣上锁扣，将料斗推入复位。关闭控制柜的电源。接料桶经过称重后，填写物料周转标签，物料状态为"流化床制粒后"。将接料桶送至中间站。填写生产记录文件。流化床制粒机操作步骤见表 4-12。

表 4-12　流化床制粒机操作步骤

序号	操作步骤	备注
1	开机	
2	顶升	
3	风机开	
4	加热开	
5	加热关	
6	风机关	
7	真空泵吸料	
8	风机开	
9	加热开	
10	喷雾开	
11	取样检测	
12	左清灰	
13	右清灰	
14	喷雾关	

续表

序号	操作步骤	备注
15	加热关	
16	风机关	
17	顶降	
18	关机	
19	出料	
20	物料转移	
21	QA 生产检查	
22	称量物料	

3. 清场操作

取下设备和操作间的"运行中"和"正在生产"状态牌，分别换上"待清洁"和"清场中"状态牌。容器具送至容器具清洗间清洗，经 QA 检查合格后，设备换上"已清洁"状态牌，操作间换上"清场合格证（副本）"标志牌，填写"清场记录文件"。流化床制粒机清洗步骤见表 4-13。

表 4-13 流化床制粒机清洗步骤

序号	操作步骤	备注
1	拿出左右室袋送清洗间清洗	
2	喷枪送清洗间清洗	
3	料斗拉出	
4	清洁剂清洗	
5	纯化水清洗	
6	酒精清洗	
7	纯化水抹布擦拭	
8	料斗复位	

思考题

1. 简述流化床制粒的原理。

2. 流化床制粒法有哪些优缺点？

3. 在流化床制粒岗位中，简要说明其具体操作步骤。

任务十一 烘箱干燥岗位操作

烘箱干燥岗位是制粒岗位的后道工序，在固体制剂生产过程中，需要干燥的多为湿法制粒中间产品，也有固体原辅料等。

烘箱干燥岗位如无特殊要求，洁净级别通常设计为 D 级。由于干燥过程中会产生一定量的粉尘，操作通常采用前室技术或操作间与外室形成相对负压，以减少粉尘的扩散和交叉污染。

一、设备介绍

烘箱干燥岗位主要采用厢式干燥器，产品损耗少，成本低，主要适于少量物料的干燥，但干燥时间较长，物料的转移或翻盘都不方便。这里主要介绍企业用的热风循环烘箱。

按干燥的方法不同，可以将该过程分为两种：一是废气循环法；二是中间加热法。两种方式的空气流动状况见图 4-70。

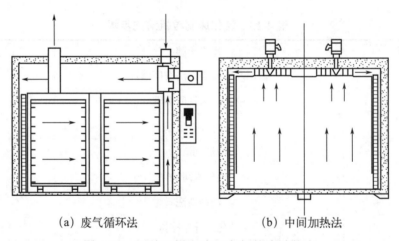

(a) 废气循环法 　　　　　　　(b) 中间加热法

图 4-70　两种干燥方式下空气的流动状态

1. 废气循环法

将 90% 从干燥室排出的热空气与 10% 的新鲜空气混合重新进入干燥室。这类设备的热效率较高，同时还可调节空气的湿度以防止物料发生龟裂和变形。

2. 中间加热法

干燥室内部装有加热器，使空气每通过一次物料盘再次得到加热，可保证室内上下层干燥盘内物料干燥均匀。

热风循环烘箱主要由箱体、加热装置、温度控制系统、定型烘车、托盘等组成。其外观见图 4-71。

热风循环烘箱中，干燥室中设计有若干层不锈钢框架搁置浅盘，干燥时将物料按 10 ～ 100mm 的厚度铺置于浅盘中，加热后的空气由整流板均匀进入干燥室各层之间，从物料的上方流过，物料中的水分蒸发成蒸汽，随空气排出。工作示意图见图 4-72。

箱体

定型烘车

图 4-71　热风循环烘箱外观

图 4-72　热风循环烘箱工作状态

二、生产管理

厢式干燥器的主要缺点是干燥时间长，在干燥过程中很难保证厢体内的温度均匀。为了使物料干燥均匀，达到干燥过程可控、可重复，需准确控制工艺参数。主要工艺参数包括：入风量，入风温度，干燥时间，物料厚度，翻盘次数等。生产过程中，应按要求填写烘箱干燥岗位生产记录，见图 4-73。

三、岗位仿真实训

热风循环烘箱，一般是由加热管、循环风机组成，是通用的干燥设备。

1. 生产前准备

生产前进行温湿度、静压差检查，并检查是否有与本次生产无关的物料、文件等。检查相关容器是否清洁、干燥、消毒，且在有效期限内，状态标志情况是否齐全（容器具状态标签）。检查设备是否清洁、干燥、消毒，且在有效期限内，状态标志情况是否齐全（设备状态标签）。操作间状态完好，已清洁。对待干燥的药品，应核实品名、批号、数量等，物料状态为"搅拌制粒后"。设备挂"运行中"状态牌，门上挂"正在生产状态牌"。填写生产前检查记录文件。

烘箱干燥岗位生产记录

生产日期	2023年09月30日		班　次	1班次
品　　名	阿司匹林片		规　格	0.5g/片
批　　号	20231001		理论量	12万片

生产操作	湿颗粒总量		71.6kg		
	设备名称	烘箱		设备编号	FW-07-11
	一号箱	摊粒厚度	2cm	烘干温度	60℃
		烘干开始	9:00	烘干结束	9:45
		翻料次数	3次	烘干时间 45分钟	
	设备名称	烘箱		设备编号	FW-07-12
	二号箱	摊粒厚度	2cm	烘干温度	60℃
		烘干开始	10:00	烘干结束	10:45
		翻料次数	3次	烘干时间 45分钟	
	干颗粒总量		60.6kg		

物料平衡	公式	干颗粒总量/湿颗粒总量×100%	
	计算	60.6kg/71.6kg×100%=84.6%	
	限度	80%≤限度≤90% 实际为：84.6%	☑ 符合限度 ☐ 不符合限度

备注	偏差分析及处理：

操作人		复核人		QA	

图 4-73　烘箱干燥岗位生产记录

2. 生产操作

将湿颗粒均匀铺在烘盘内，厚度一般不超过 1.5cm，并将烘盘按从上至下的顺序推入烘箱，关闭箱门。打开装置电源，设定干燥温度，选择加热方式，启动风机，启动加热，注意观察烘箱内温度。按产品工艺规定检查干燥情况，并按要求翻动。干燥结束后，关闭加热，关闭风机，关闭电源，打开箱门。按从下至上的顺序出料，倒入接料桶中。接料桶经过称重后，填写物料周转标签，送至中间站，岗位物料状态为"干燥后"。烘箱操作步骤见表 4-14。

表 4-14　烘箱操作步骤

序号	操作步骤	备注
1	电源开	
2	风机开	
3	加热开	
4	加热关	
5	风机关	
6	进料	
7	风机开	
8	加热开	
9	物料移出抽检	
10	抽检	
11	物料移回	
12	加热关	
13	风机关	
14	电源关	
15	出料	
16	物料转移	
17	QA 生产检查	
18	称量物料	
19	贴物料标签	

3. 清场工作

取下设备和操作间的"运行中"和"正在生产"状态牌，分别换上"待清洁"和"清场中"状态牌。容器具送至容器具清洗间清洗，经 QA 检查合格后，设备换上"已清洁"状态牌，操作间换上"清场合格证（副本）"标志牌，填写"清场记录文件"。烘箱清洗步骤见表 4-15。

表 4-15　烘箱清洗步骤

序号	操作步骤	备注
1	烘盘送清洗间清洗	
2	酒精清洗	
3	纯化水抹布擦拭	
4	关闭箱门	

👥 **思考题**

1. 烘干操作中，应该注意哪些问题？
2. 在烘箱干燥岗位中，简要说明其具体操作步骤。

任务十二 沸腾干燥岗位操作

沸腾干燥岗位是制粒岗位的后道工序，在固体制剂生产过程中，需要干燥的多为湿法制粒中间产品，也有固体原辅料等，通常又称流化床干燥岗位。

沸腾干燥岗位如无特殊要求，洁净级别通常设计为 D 级。由于干燥过程中会产生一定量的粉尘，操作通常采用前室技术或与操作间外室形成相对负压，以减少粉尘的扩散和交叉污染；流化床干燥机设有相应的除尘装置，可放置在相邻的机械室，以减少操作间内的机械噪声和粉尘。

一、设备介绍

沸腾干燥岗位采用的设备是沸腾干燥机。沸腾干燥机根据外形可分为两大类，即箱式沸腾干燥机和立式高效沸腾干燥机。箱式和立式干燥机的工作原理相同。这里主要介绍立式高效沸腾干燥机。

高效沸腾干燥机的工作原理为：空气经过滤器过滤和热交换器加热后，形成热风，由引风机下部导入，穿过料斗的气流分布板（筛）。在干燥室内，经搅拌和负压作用形成流化态，水分快速蒸发后随着排气带走，物料快速干燥。

高效沸腾干燥机主要由空气处理系统、干燥室（料仓）、过滤室等组成，上、下两个室构成一个密闭容器。

立式高效沸腾干燥机的结构见图 4-74。

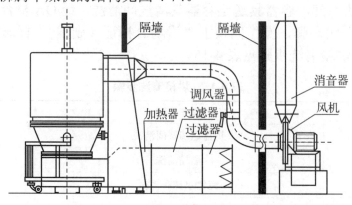

图 4-74 立式高效沸腾干燥机结构图

干燥室主要由料仓、气流分布器（空气分流板）、取样装置、观察镜、推车、搅拌器等组成。干燥室采用倒锥形设计，消除流动"死区"。结构见图4-75。

气流分布器通常为多孔倒锥体，上面覆盖着60～100目不锈钢筛网。气流分布器有两种——孔板和涡旋板，可根据不同的用途选择。孔板用于一般制粒或干燥，涡旋板用于精确制粒及包衣。进风空气通过进风管进入机身，通过气流分布器分流，均匀分配气流量。

过滤室主要由集尘装置（滤袋）、吊架装置等组成。过滤室结构见图4-76。通过气缸的往复运动实现捕集袋的摇振除尘，捕集袋的材料为抗静电涤纶布，布面不易产生静电，改善了静电吸附粉尘现象。滤袋悬挂在吊架装置上，安装拆洗较为方便，且在袋架中装有充气密封圈，保证活动的捕集袋架能紧密地固定在筒壁上。吊架装置上装有防坠落装置，保证设备与人员的安全。

空气处理系统由引风系统、过滤系统、加热系统等组成。过滤系统主要由初效过滤器、中效过滤器、高效过滤器构成。其结构见图4-77。

图4-75 干燥室结构

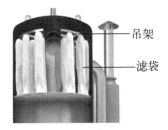

图4-76 过滤室结构

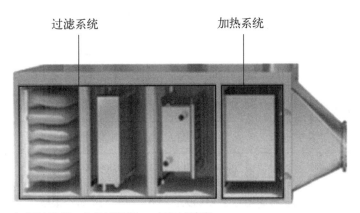

初效过滤器　中效过滤器　高效过滤器

图4-77 过滤系统结构图

二、生产管理

沸腾干燥过程的关键参数控制，主要包括中间产品的湿度，入风速度、流量，入风的空气质量（过滤器的标准），入风温度和湿度控制。应能保证整批产品含水量的均匀性，批次之间的重复性，控制的准确性。

在批生产时，在捕集袋的上、中、下三层和每层的不同位置进行取样检验，验证含水量，证明含水量是均匀的。

沸腾床干燥通常分为三个阶段：

（1）预热阶段　颗粒升温，物料升温至饱和蒸汽的湿球温度，水分流失速度渐渐加快。

（2）恒速干燥阶段　颗粒表面的空气接近饱和，干燥速度由气流的湿度和流速决定，在这个阶段，颗粒表面的温度停留在饱和蒸汽的湿球温度。

（3）干燥速度下降阶段　水分的迁移速度较慢，不能保证颗粒表面的空气为饱和蒸汽。干燥速度取决于粉末间架桥形成的孔结构和水分的迁移机制。因此，物料的温度不再维持在饱和蒸汽的湿球温度，开始接近入风温度。

生产过程中，按要求填写本岗位生产记录文件，见图4-78。

沸腾干燥岗位生产记录

生产日期	2023年09月30日	班　次		1班次	
品　名	阿司匹林片	规　格		0.5g/片	
批　号	20231001	理论量		12万片	
生产操作	湿颗粒总量	71.6kg			
	设备名称	高效沸腾干燥机	设备编号		FW-08-01
	摊粒厚度	2cm	烘干温度		60℃
	烘干开始	9:00	烘干结束		9:45
	烘干时间	45分钟			
	干颗粒总量	60.6kg			
物料平衡	公式	干颗粒总量/湿颗粒总量×100%			
	计算	60.6kg/71.6kg×100%=84.6%			
	限度	80%≤限度≤90%　实际为：84.6%	☑ 符合限度		☐ 不符合限度
备注	偏差分析及处理：				
	操作人		复核人	QA	

图4-78　沸腾干燥岗位生产记录

三、岗位仿真实训

沸腾干燥机的作用是进行湿颗粒干燥，利用洁净空气经热交换器加热后，形成热风经阀板分配进入主机。从加料器加入的湿物料由于风压的作用，物料在干燥机内形成沸腾状态，与热空气进行充分接触，从而在较短时间完成物料烘干。

1. 生产前准备

生产前进行温湿度、静压差检查，并检查是否有与本次生产无关的物料、文件等。检查相关容器是否清洁、干燥、消毒，且在有效期限内，状态标志情况是否齐全（容器具状态标签）。检查设备是否清洁、干燥、消毒，且在有效期限内，状态标志情况是否齐全（设备状态标签）。操作间状态完好，已清洁。

将捕集袋套在袋架上，一同放入清洁的上气室内，用环螺母将袋架固定在吊杆上，升高到尽头。将袋边缘四周伸出密封槽外侧、勒紧绳索，打结，检查密封圈内空气是否排空。此时，沸腾器上的定位头，与机身上的定位块应吻合。就位后，沸腾器应与密封槽基本同心。检查设备的电源。打开"电源"按钮，点击"手动""振动开"，测试振动。打开"搅拌启动"按钮，测试搅拌桨。打开"气封开"按钮，将容器升起。打开"风机启动"按钮，空载运行一切正常，即可以进行投料生产。对待干燥的药品，应核实品名、批号、数量等。

设备挂"运行中"状态牌，门上挂"正在生产状态牌"。填写生产前检查记录文件。

2. 生产操作

开启电源开关，点击"气封开"，把容器升起，打开进料阀，点击"排风"按钮，开排风。在引风机的负压抽吸下，湿颗粒通过胶管进入沸腾器内，加料量上限一般设定为沸腾器容量的三分之二。吸料结束后关闭进料阀，点"排风"按钮，关闭排风。接通压缩空气气源，点击"进风"按钮进风，点击"电加热开"按钮，开启电加热。机身内的总进气减压阀与气封减压阀调到规定值左右，预设相应的进风温度和出风温度，出风温度通常为进风温度的一半。选择"自动／手动"设置，点击"风机启动"按钮，启动风机，按"排风"按钮打开排风。通过观察窗观察物料的沸腾情况。开动电加热约半分钟后，点击"搅拌启动"开搅拌。确保搅拌器不因物料未疏松而超负载损坏。在物料接近干燥时，按"搅拌停止"按钮，关闭搅拌，防止搅拌桨破坏物料颗粒。在取样口取样确定物料的干燥程度。以物料放在手上搓捏后仍可流动、不粘手为干燥完成。不取样时，取样棒的盛料槽向下。干燥结束，点击"电加热关"按钮，关闭电加热，关闭搅拌。待出风口温度与室温相近时，关闭风机。约一分钟后，按"振动"按钮点动，使捕集袋内的物料掉入沸腾器内。关闭"气封"，待密封圈完全恢复后，把沸腾器拉出，将接料桶移至沸腾器下方，打开沸腾器的锁扣插销，转动出料。扣上锁扣，将沸腾器复位，关闭控制柜的电源。接料桶经过称重后，填写物料周转标签，送至中间站，物料状态为"干燥后"。填写生产记录文件。沸腾干燥床操作步骤见表 4-16。

表 4-16　沸腾干燥床操作步骤

序号	操作步骤	备注
1	开机	
2	空运转	
3	真空泵吸料	
4	进风开	
5	排风开	
6	电加热开	
7	搅拌开	
8	取样	
9	电加热关	
10	搅拌关	
11	进风关	
12	排风关	
13	振动开	
14	振动关	
15	气封关	
16	出料	
17	关机	
18	物料转移	
19	QA 生产检查	
20	称量物料	
21	贴物料标签	

3.清场工作

取下设备和操作间的"运行中"和"正在生产"状态牌，分别换上"待清洁"和"清场中"状态牌。容器具送至容器具清洗间清洗，经 QA 检查合格后，设备换上"已清洁"状态牌，操作间换上"清场合格证（副本）"标志牌，填写"清场记录文件"。沸腾干燥床清洗步骤见表 4-17。

表 4-17 沸腾干燥床清洗步骤

序号	操作步骤	备注
1	拿出左右室袋送清洗间清洗	
2	喷枪送清洗间清洗	
3	料斗拉出	
4	清洁剂清洗	
5	纯化水清洗	
6	酒精清洗	
7	纯化水抹布擦拭	
8	料斗复位	

思考题

1. 沸腾干燥通常分为哪三个阶段，各有什么特点？
2. 沸腾干燥和烘箱干燥有何异同点？
3. 在沸腾干燥岗位中，简要说明其具体操作步骤。

任务十三 整粒岗位操作

整粒岗位是干燥的后道工序，对结块、粘贴的颗粒进行适当的整理分散，得到大小均匀的颗粒。

整粒岗位如无特殊要求，洁净级别通常设计为 D 级。整粒岗位通常可与流化床制粒岗位、快速切割搅拌制粒岗位设计在同一操作间内，以减少物料的频繁周转，降低污染风险，提高生产效率。

一、设备介绍

目前，制药企业常用的整粒设备除了具备整粒功能，同时可以用于物料的转动和加料。可分为固定式、移动式，并与流化床制粒、干燥设备的料仓配套使用，完成物料的密闭周转。

提升整粒机由提升机装置、整粒装置、控制系统组成。工作时，将锥形料斗与料仓锁合，提升料仓到一定高度后，将料仓翻转 180°，启动整粒装置，打开出料蝶阀与周转料斗对接，整粒后的中间产品密闭转移到料斗中。提升整粒机的外观见图 4-79。

图 4-79 提升整粒机

二、生产管理

整粒后，物料周转标签填写品名、批号、重量等，复核并签字。按要求填写生产记录文件，见图4-80。

整粒岗位生产记录

生产日期		2023年09月30日	班　次	1班次
品　　名		阿司匹林片	规　格	0.5g/片
批　　号		20231001	理论量	12万片
生产操作	干颗粒重量	60.6kg		
	整粒目数	14目	整粒后桶数	4桶
	合格颗粒重量	60.6kg	不良品	0kg
	整粒后颗粒重量	60.6kg		
	设备名称	快速整粒机	设备编号	FW-09-01
物料平衡	公式	(合格颗粒重量+不良品)/整粒后颗粒重量×100%		
	计算	60.6kg/60.6kg×100%=100%		
	限度	95%≤限度≤100% 实际为：100% ☑ 符合限度 ☐ 不符合限度		
备注	偏差分析及处理：			
操作人		复核人		QA

图4-80　整粒岗位生产记录

三、岗位仿真实训

整粒机主要用于制药工业中，将制粒干燥后结团的颗粒，根据工艺要求整理成合格的均匀颗粒，给下一道工序。

1. 生产前准备

生产前进行温湿度、静压差检查，并检查是否有与本次生产无关的物料、文件等。检查相关容器是否清洁、干燥、消毒，且在有效期限内，状态标志情况是否齐全（容器具状态标签）。检查设备是否清洁、干燥、消毒，且在有效期限内，状态标志情况是否齐全（设备状态标签）。操作间状态完好，已清洁。

根据生产特点，整粒机有如下要求。

① 整粒岗位必须装有除尘装置，特殊品种如抗癌药物、激素类药物的操作室，应与临室保持相对负压。操作人员应有隔离防护措施，排出的粉尘应集中处理。

② 整粒机的落料漏斗应装有金属探测器，除去意外进入颗粒中的金属屑。

整粒机的组成部分有料斗、筛网、电机、滤袋、接料盘。空机运行，若无异常，挂"运行中"状态牌，门上挂"正在生产状态牌"。填写整粒生产前检查记录文件。

整粒机使用时，打开挡板，将捕集袋套在袋架上，一同放入清洁的上气室内，关闭挡板，核实待整粒的物料的名称、批号、重量、操作者、生产日期等，物料状态为"干燥后"。按照生产要求，选择对应的筛网。

2. 生产操作

将物料倒入料斗中，调节控制面板，选择整粒模式，打开挡板，物料进入机器开始整粒，直至加工完成。点击控制面板上的"停止整粒"按钮，将加工完成的物料倒入接料桶中。接料桶经过称重后，填写物料周转标签，物料状态为"整粒后"，送至中间站。整粒机操作步骤见表4-18。

表 4-18　整粒机操作步骤

序号	操作步骤	备注
1	开机	
2	设备运转（空运转）	
3	停止运转	
4	倒料	
5	设备运转	
6	停止运转	
7	关机	
8	物料转移	
9	QA 生产检查	
10	称量物料	
11	贴物料标签	

3. 清场操作

取下设备和操作间的"运行中"和"正在生产"状态牌，分别换上"待清洁"和"清场中"状态牌。容器具送至容器具清洗间清洗，经 QA 检查合格后，设备换上"已清洁"状态牌，操作间换上"清场合格证（副本）"标志牌，填写"清场记录文件"。整粒机清洗步骤见表4-19。

表 4-19　整粒机清洗步骤

序号	操作步骤	备注
1	整粒机下降（提升机下降）	
2	清洁剂清洗	
3	纯化水清洗	
4	纯化水抹布擦拭	
5	酒精清洗	

思考题

1. 整粒的目的是什么？
2. 在整粒过程中，对整粒设备有哪些要求？
3. 简述整粒生产操作中的具体步骤。

任务十四　总混岗位操作

混合岗位是将同一批次生产中，相应的原料、辅料或中间产品（粉末、颗粒），按生产工艺规程，进行混合操作。

混合岗位如无特殊要求，洁净级别通常设计为 D 级。混合岗位的生产设备具有一定的特殊性，属于外部空间机械运动，对生产人员有一定的危险性，所以生产区域会采用隔离带或地面警戒线，明显地标示出生产区域。

物料混合的目的是保证配方的均一性，使同批次的中间产品含量均一，以保证最终药品的疗效相同。混合岗位通常在制粒前，将原辅料粉末进行混合。制粒后，加入润滑剂、助流剂、崩解剂等与颗粒进行混合，即总混岗位。在混合岗位已介绍过 V 形混合机的使用，本节主要介绍三维混合机的操作方法。

一、设备介绍

三维混合机工作时，装料的筒体在主动轴的带动下，作周而复始的平移转动和翻滚等复合运动，促使物料沿着筒体作环向、径向和轴向的三向复合运动，从而实现多种物料的相互流动、扩散、积聚、掺杂，达到均匀混合的目的。其结构和外观分别见图 4-81 和图 4-82。

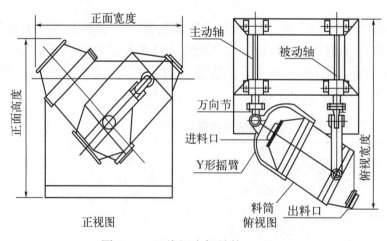

图 4-81　三维混合机结构

图 4-82　三维混合机外观

二、生产管理

混合前，应合理控制筒体内的物料量。总混后，物料周转标签填写品名、批号、重量等，复核并签字。按要求填写生产记录文件，见图4-83。

颗粒总混岗位生产记录

生产日期	2023年01月10日		班　次		1班次	
品　名	阿司匹林片		规　格		0.5g/片	
批　号	20230110		理论量		12万片	
生产操作	第1次	外加物料	①滑石粉	投料颗粒总量		30.3kg
		物料用量	①0.625kg			
		混合时间	30分钟	混合颗粒收量		30.675kg
		混合开始	8:30			
		混合结束	9:00			
	第2次	外加物料	①滑石粉	投料颗粒总量		30.3kg
		物料用量	①0.625kg			
		混合时间	30分钟	混合颗粒收量		30.675kg
		混合开始	9:10			
		混合结束	9:40			
	总混后颗粒总量	61.35kg	颗粒件数	4件	取样量	0.5kg
	设备名称	固定料斗混合机		设备编号		FW-10-01
物料平衡	公式	(总混后颗粒总量+取样量)/(整粒后颗粒总量+外加物料量)×100%				
	计算	(61.35kg+0.5kg)/(60.6kg+1.25kg)×100%=×100%				
	限度	95%≤限度≤100%　实际为：100%		☑符合限度　☐不符合限度		
备注	偏差分析及处理：					
	操作人		复核人		QA	

图4-83　颗粒总混岗位生产记录

三、岗位仿真实训

1. 生产前准备

生产前进行温湿度、静压差检查，并检查是否有与本次生产无关的物料、文件等。检查相关容器是否清洁、干燥、消毒，且在有效期限内，状态标志情况是否齐全（容器具状态标签）。检查设备是否清洁、干燥、消毒，且在有效期限内，状态标志情况是否齐全（设备状态标签）。操作间状态完好，已清洁。

对待总混的物料应核实品名、批号、数量等。待总混的物料有两种，物料状态分别为"整粒后"和"过筛后"。

开机前请检查人员、容器是否在安全线以外。开机时，空载启动电机，观察电机运转是否正常；电机运转正常，则按"停机"按钮使其停止。设备挂"运行中"状态牌，门上挂"正在生产状态牌"，填写生产前检查记录文件。

2. 生产操作

使加料口处于理想的加料位置，松开加料口卡箍，取下料桶盖进行加料。加料量不得超过额定装量。加料完毕后，盖上料桶盖，上紧卡箍即可开机混合。

根据工艺要求，调整好时间继电器，严格按规定的程序操作，开机进行混合。混合机到设定时间会自动停机，若出料口位置不理想，可点动开机，将出料口调整到最佳位置，关闭电源，方可开始出料操作。

出料时，打开出料阀即可出料。出料时，应控制出料速度，以便控制粉尘及物料损失。

接料桶经过称重后，填写物料周转标签送至中间站，物料状态为"总混后"。填写生产记录文件。三维混合机操作步骤见表4-20。

表4-20　三维混合机操作步骤

序号	操作步骤	备注
1	开机	
2	运转（空转）	
3	停止运转	
4	第一次倒料	
5	运转	
6	停止运转	
7	第二次倒料	
8	运转	
9	停止运转	

续表

序号	操作步骤	备注
10	关机	
11	出料	
12	物料转移	
13	QA 生产检查	
14	称量物料	
15	贴物料标签	

3. 清场工作

取下设备和操作间的"运行中"和"正在生产"状态牌，分别换上"待清洁"和"清场中"状态牌。容器具送至容器具清洗间清洗，经 QA 检查合格后，设备换上"已清洁"状态牌，操作间换上"清场合格证（副本）"标志牌，填写"清场记录文件"。三维混合机清洗步骤见表 4-21。

表 4-21　三维混合机清洗步骤

序号	操作步骤	备注
1	打开出料阀	
2	打开密封盖	
3	清洁剂清洗	
4	纯化水清洗	
5	酒精清洗	
6	纯化水抹布擦拭设备外部	

 思考题

简述三维混合机具体操作步骤。

任务十五 压片岗位操作

压片岗位是片剂生产的主要工序，将总混岗位混合后的颗粒压制成中间产品（素片）。

压片岗位如无特殊要求，洁净级别通常设计为 D 级。由于压片生产过程中会产生一定量的粉尘，因此压片间通常采用前室技术，或者与外室形成相对负压，以减少粉尘的扩散和交叉污染；压片机设有相应的吸尘装置，可放置在相邻的机械室，减少压片间内的机械噪声和粉尘量。

一、设备介绍

将干性颗粒或粉状物料通过模具压制成片剂的机器称为压片机。压片机可分为以下几类：

（1）单冲式压片机 由一副模具作垂直往复运动的压片机，外观见图 4-84。

（2）旋转式压片机 由均布于旋转转台的多副模具按一定轨迹作垂直往复运动的压片机，见图 4-85。

（3）高速旋转式压片机 模具的轴心随转台旋转的线速度不低于 60m/min 的旋转式压片机，见图 4-86。

图 4-84 单冲式压片机　　图 4-85 旋转式压片机　　图 4-86 高速旋转式压片机

目前，压片机的发展趋势是：高速高产、密闭性、模块化、自动化、规模化以及先进的检测技术。制药企业多数选用先进的高速旋转式压片机。

高速压片机压片时，预先调节转盘的速度、物料的充填量、片剂厚度，控制误差精度。主要工作过程是：①充填；②计量；③预压；④加压；⑤出片。五道工序连续进行，自动剔除不合格中间产品。

本节主要介绍制药企业常用的 GZPS 系列全自动双出料高速压片机。

GZPS 系列全自动双出料高速压片机采用标准化、模块化、系列化设计。零部件的通用化、标准化使得加工质量和装配水平明显提升；具有高精度、高速度、高自动化等优点，可以生产双层片、环形片、圆形片、刻字片和异形片，适用于大批量片剂的生产。

压片室为 360°无死角全开启结构，配有高清晰隔离视窗。压片室内主要组成部件有：工作转盘压力调节装置、强迫加料装置、填充计量调节装置、上下冲导轨装置等。

压片过程中，工作转盘以自身轴心进行自转，上转盘、中转盘、下转盘互为一体，保持同步旋转。上、下冲头尾部分别镶嵌在上下转盘的曲线轨道中；中模圈镶嵌在中转盘的模孔中，一组冲模的中心点（上冲头、中模圈、下冲头）保持在垂直直线上。工作转盘旋转时，上下冲头沿着曲线轨道做垂直轴向的升降运动，上下冲头穿过模孔，冲压、压缩中模圈内的物料，最终形成药片。压片机工作原理见图 4-87。

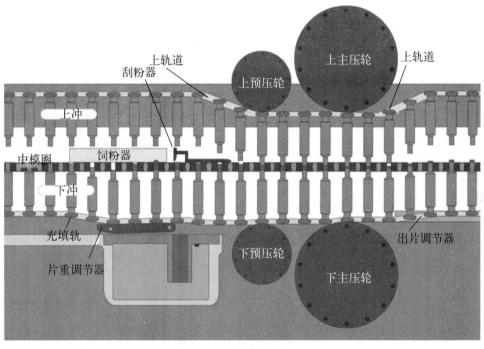

图 4-87　压片机工作原理

压力调节装置采用两套双压轮设计。预压轮与主压轮具有相同尺寸，主压轮遇到问题可以与预压轮互换，不影响生产进度；压轮采用刚性机械支撑，保证了压力的稳定性，避免液压支撑漏油造成污染的风险。压轮的位置通过电动机加编码器的方式来调整，调整精度可以达到 0.01mm。其示意图见图 4-88。

强迫加料装置：采用双层、三桨叶轮设置；当中模圈随着工作转盘进入加料装置覆盖区域时，叶轮迫使物料多次填入中模圈模孔中，上层分配叶轮增加物料的流动性，均衡药粉密度；下层充填叶轮、计量叶轮，保证充填的均匀性。见图4-89。

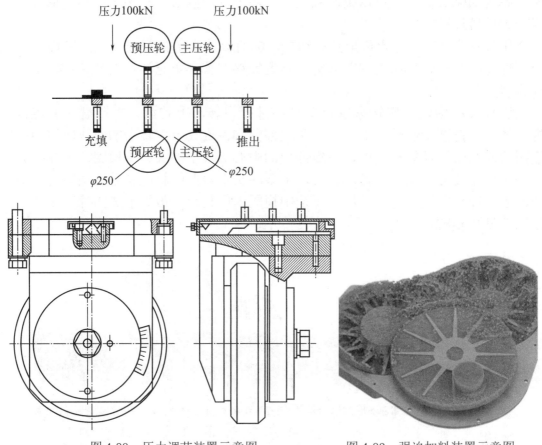

图 4-88　压力调节装置示意图　　　　图 4-89　强迫加料装置示意图

　　填充计量调节装置通过调节计量轨道垂直距离，来调节下冲头在中模圈模孔中的上下位置，从而改变物料的填充量。垂直距离调节见图4-90，物料填充部分见图4-91。

图 4-90　计量轨道垂直距离调节　　　　图 4-91　物料填充部分示意图

上下冲导轨装置中，上、下冲头沿工作转盘的轴向移动是依靠上、下冲导轨控制的。上冲导轨装置固定在不旋转的芯轴上部，上冲头的尾部缩径处与上冲导轨的曲线轨迹凹凸边缘镶嵌。下冲导轨装置固定在机架体上。

冲模是压片机的重要组成部件，一副冲模分为上冲头、中模圈、下冲头三部分，随着机械加工制作水平的提高，冲模的加工尺寸有了统一标准，具有互换性，冲模的规格以冲头的直径或中模圈的内直径来表示。冲模的类型很多，如平冲、浅元冲、深元冲、异型冲，可以根据药片所需的形状进行定制，图4-92中列出了几种常用的冲模。生产完成后，经过拆卸、清洁、消毒程序，将冲模送至模具间，通常需要擦拭食用机油进行保护。如压片机在较长期间内不使用，冲模需要浸泡在食用机油中进行保养。图4-93为冲模的存放方式。

图4-92　几种常见的冲模

图4-93　冲模的存放

高速压片机在生产过程中，还需要选配一些附属设备，主要有上旋式筛片机、工业吸尘器、真空上料机、提升加料机等。

在上旋式筛片机中，药片在振动旋转力的作用下，经过多层筛自下向上运动，自动翻片、除粉效果好，且不产生静电，生产速度可调控，生产效率高。见图4-94。

工业吸尘器，采用聚酯滤筒立式过滤结构、自动脉冲喷吐清灰装置。吸尘能力强、噪声低，维护清洁方便，运行平稳，可与压片机、胶囊机等设备对接，有效清理生产过程中的灰尘。见图4-95。

图4-94　上旋式筛片机图

图4-95　工业吸尘器与压片机联用

真空上料机以压缩空气为动力源形成真空，将物料从周转容器中自动输送到压片机、胶囊机的加料装置中；密闭传输、无粉尘，可以与设备配套形成自动化进料控制。见图4-96。

提升加料机，见图4-97，由底盘（固定式、移动式）、立柱、提升系统组成。将料斗推入提升机的叉架后做提升运动。料斗到达指定高度后，通过底盘的转动、移动与设备加料装置对接，使物料的周转在不同工序之间完成密闭转移。降低工作人员劳动强度，减少物料污染。

图4-96 真空上料机   图4-97 提升加料机

二、生产管理

（1）压片生产的管理主要包括以下要点：

① 模具。压片岗位应该设置模具间，有专人负责模具的管理（领用、核对、保养等），建立模具管理制度，保证模具的质量，提高使用率。生产前后均应检查模具的类型、规格、光洁度，检查有无破损情况（磨损、凹槽、卷皮、缺角等等）。

② 试压生产。正式压片生产前，应该确保压片机各装置运行正常，各项参数设置符合工艺要求，投料进行试压，对片重、硬度、厚度、脆碎度和外观进行检查。根据不同品种要求，还可进行溶出度、均匀度和含量检测等等。试压素片满足质量控制标准后，才可正式压片生产。试压生产的素片，需全部收集统一按废弃物处理。

③ 压片生产过程中，需要进行转台转速控制、物料下料控制。为保证压片机运行的稳定性，生产过程中，转台运行速度基本控制在最高速度的70%～80%。当下料装置内颗粒低于一定高度时，应该及时补充物料。生产快结束时，为了减少因料斗内物料存储量差异过大，而对颗粒流动性造成影响，形成质量风险，应该立即停止压片，料斗中剩余颗粒按《剩余物料处理规程》执行。

④ 偏差处理。在线检测的各项参数，若出现偏差超出控制范围的情况，需立即停机，进行调整。调整过程中产生的素片，需全部收集统一按废弃物处理。

（2）生产过程中，进行的质量检查主要包括以下几项：

① 外观检查。对可能出现的污点、粘冲、掉盖、裂片等进行检测。从压片机出片口取规定数量素片，以纯白色背景作对照进行检查，并记录。每隔规定时间（1h）进行一次外观检查。

② 平均片重检测。从压片机出片口取 10 片素片，一起称重计算平均值，并记录文件，每隔规定时间（20～30min）检查一次平均片重。检查设备主要为电子天平。

③ 片重差异检测。从压片机出片口取 20 片素片，每片分别称重，并记录，每隔规定时间（1h）检查一次片重差异。检查设备主要为电子天平。

④ 硬度检测。使用独立的硬度仪（见图 4-98）进行测量，从压片机出片口取 5 片素片，每片测定硬度，并记录，通常每班次最少检查硬度 3 次。

⑤ 脆碎度检测。脆碎度检测是为了预测素片在包衣、包装盒运输过程中，发生的质量风险，用以发现并防止可能发生的掉盖、黏合现象。检测装置为脆碎度检测仪，见图 4-99。通常每班次最少检查脆碎度 1 次。

⑥ 崩解时限检测。崩解时限是指固体制剂在规定的介质中，以规定的方法进行检查，全部崩解溶散或成碎粒并通过筛网所需时间的限度。崩解时限检查一般采用崩解仪进行，见图 4-100。

图 4-98　硬度仪

图 4-99　脆碎度检测仪

图 4-100　崩解仪

压片生产过程中要按照规定填写生产记录文件，见图 4-101、图 4-102。

压片岗位生产记录

生产日期	2023年01月10日		班　次	1班次
品　名	阿司匹林片		规　格	0.5g/片
批　号	20230110		理论量	12万片
生产操作	压片时间	360分钟	压片开始	9:30
	压片结束	15:30	模具规格	9mm浅元冲
	片重	0.5g	片重限度	0.475~0.525g
	崩解时限	15分钟	脆碎度	≤1%
	平均片重检查频次	30分钟/次	设备转速	60转/分钟
	领颗粒量	61.35kg	颗粒余量	1.05kg
	素片总量	60kg	取样量	0.1kg
	废料量		0.2kg	
	设备名称	压片机	设备编号	FW-11-01
物料平衡	公式	(压片总量+取样量+颗粒余量)/领颗粒量×100%		
	计算	(60kg+0.1kg+1.05kg)/61.35kg=99.7%		
	限度	95%≤限度≤100%　实际为：99.7%　☑符合限度　☐不符合限度		
备注	偏差分析及处理：			
操作人		复核人		QA

图 4-101　压片岗位生产记录

压片岗位生产过程称量操作记录

生产日期	2023年07月29日		班　次		1班次				
品　名	阿司匹林片		规　格		0.5g/片				
批　号	20230729		理论量		12万片				
生产操作	时间	平均片重	时间	平均片重	时间	平均片重	时间	平均片重	时间	平均片重
	10:00	0.501g	10:30	0.498g	11:00	0.501g	11:30	0.502g	12:00	0.498g
	12:30	0.499g	13:00	0.498g	13:30	0.502g	14:00	0.501g	14:30	0.501g
备注	偏差分析及处理：								
操作人			复核人						

物料标签

品名	阿司匹林片
物料名称	素片
批号	20230730
配置量	12万片
物料状态	压片后
毛重	16kg
净重	15kg
批总量	61.85kg
规格	0.5g/片
操作人	
日期	2023年07月30日

图 4-102　压片岗位称量操作记录和物料标签

三、岗位仿真实训

1. 生产前准备

生产前进行温湿度、静压差检查，并检查是否有与本次生产无关的物料、文件等。检查相关容器是否清洁、干燥、消毒，且在有效期限内，状态标志情况是否齐全（容器具状态标签）。检查设备是否清洁、干燥、消毒，且在有效期限内，状态标志情况是否齐全（设备状态标签）。操作间状态是否完好，已清洁。模具是否已检查。对待压片的物料应核实品名、批号、数量等。物料状态为"总混后"。填写生产前检查记录文件。

生产前用到的主要工具有：消毒抹布、纯化水抹布、擦油布、清洁抹布；手轮、六角扳手、钥匙、撬棒、机油壶、油脂枪。

用到的主要模具有：嵌轨、加料斗、半月板、加料器、紧固螺丝、上冲头、下冲头、中模圈。检查模具是否清洁、干燥、消毒，是否符合生产指令要求。必要时，用75%乙醇擦拭进行消毒。

生产前需要对模具进行安装。安装的顺序为中模圈、上冲头和下冲头。模具安装完成后，还需进行部分部件的安装。

首先，安装手轮、上下冲，并给设备加机油、油脂（机器运转时，不得加机油）。冲模安装前，应将转盘的工作面、上下冲、中模圈清洗干净，然后按下列程序进行安装。

① 中模圈的安装。打开有机玻璃门，拆卸机器挡板，用六角扳手松开中模圈紧固螺丝。使用模孔清洁器清洁转盘上的模孔，安装中模圈。打开上冲头安装处嵌舌，然后用专用的中模打棒将中模圈轻击入中模孔，直至中模圈上表面跟转台面相平。用六角扳手将螺丝紧固，按此方法转动手轮，依次将中模圈装完。

② 上冲的安装。首先将嵌舌拆下，然后将上冲杆插入孔内，用大拇指和食指旋转冲杆，检验头部进入中模上下滑动的灵活性，无卡阻现象为合格。再转动手轮至冲杆颈部接触平行轨。上冲杆全部装毕，将嵌舌装上。

③ 下冲的安装。打开机器侧面的面板与下挡板，先将嵌轨移出，小心从盖板孔下方将下冲送至下冲孔内，并摇动手轮使转盘向前进方向转动，将下冲送至平行轨上。每装一个冲头前，应将嵌轨取出，装好后将嵌轨装好，再转手轮装下一个下冲。最后一个下冲安装完成后，将盖板与下挡板盖好并锁紧，确保与平行轨相平，合上手柄，盖好不锈钢面罩。

④ 部件安装。装加料器，装加料斗，装下药槽，装筛片机，确认无异常后，关闭玻璃门。

待模具和部件安装完成后，还需对设备进行调试，完成试压过程。试压时，先调节填充量，以达到符合工艺要求的片重。然后调节压力至产品工艺要求的硬度。试压操作过程如下：

启动除尘柜，加入部分物料进行试压。开机运行，并生产出几个药片，转到电子天平处，测试片重。符合要求即可停止填充量调节，若不符合要求，则调节填充手轮，调整填充量，进行药片重量的调整。再次生产出几个药品，称量片重，符合要求即可停止调节，若不符合要求，则重复上述操作。调节手轮，调整压力，设备逐个运转，并生产出一些药片，取样品约 100 片，到中控检测间进行平均片重、片重差异、硬度和脆碎度等检测。检测合格后，方可开始压片。若不合格，则需继续调节压力。

生产前，将设备更换成"运行中"状态牌，门上更换为"正在生产"状态牌。

2. 生产操作

启动除尘柜，打开左右两侧玻璃门，关闭加料斗下料口开关，用物料桶向两边加料斗中均匀加入物料。打开下料口，关闭玻璃门，接料桶移至下药槽处。

打开控制面板，弹起急停开关。将筛片机移动到下药槽与接料桶之间。打开控制面板，调整运转速度到最大转速的 70%，进入平稳生产阶段。

料斗内所剩颗粒较少时，应降低运行速度，及时调整充填装置，以保证压出合格的片剂。料斗内接近无颗粒时，把变频电位器调至零位，然后关闭主机。关机后，按下紧急开关，关闭除尘柜。

根据工艺规程的要求，压片过程中每隔 15 ～ 30min 测一次片重及硬度，确保片重差异及硬度在规定范围内，并随时观察片剂外观，做好记录，填写压片岗位生产过程称量操作记录。

出料结束后，出料桶称重，填写物料周转标签，物料状态为"压片后"，并将出料桶送至中间站。填写生产记录文件。

运行过程中，注意机器运行是否正常，若有不正常的情况应立即停机检查。

压片过程具体操作步骤见表 4-22。

表 4-22 压片机操作步骤

序号	操作步骤	备注
1	启动	
2	停止	
3	倒料	
4	打开玻璃门	
5	打开左右下料阀	
6	关闭玻璃门	
7	启动	
8	停止	
9	片重检测	
10	填充	

序号	操作步骤	备注
11	启动	
12	停止	
13	硬度检测	
14	主压	
15	启动	
16	停止	
17	抽检	
18	启动	
19	停止（生产完成）	
20	物料转移	
21	QA 生产检查	
22	称量物料	
23	贴物料标签	

3. 清场工作

取下设备和操作间的"运行中"和"正在生产"状态牌，分别换上"待清洁"和"清场中"状态牌。容器具送至容器具清洗间清洗，经 QA 检查合格后，设备换上"已清洁"状态牌，操作间换上"清场合格证（副本）"标志牌，填写"清场记录文件"。料斗清洗操作步骤见表 4-23。

表 4-23　料斗清洗操作步骤

序号	操作步骤	备注
1	设备清洗	
2	关闭电源	
3	打开玻璃门	
4	拆下零部件送至洁具间清洗	
5	吸尘器清洁	
6	纯化水抹布擦拭设备内	
7	酒精清洗	
8	纯化水抹布擦拭设备外	
9	关闭玻璃门	

思考题

1. 压片操作中，生产前准备需要哪些具体操作？
2. 简述压片生产操作和清场的具体步骤。
3. 简述压片中会出现哪些质量问题，并分析造成问题的原因。

任务十六　包衣岗位操作

包衣岗位是片剂生产的主要工序，通常是指在片剂生产中，在中间产品（片芯或素片）的外表面包裹上一定厚度的衣膜，有时也应用于颗粒或微丸。

包衣岗位如无特殊要求，洁净级别通常设计为 D 级。由于包衣生产过程中会产生一定量的粉尘，包衣设备设有相应的除尘装置，可放置在相邻的机械室，减少包衣间内的机械噪声和粉尘。通常包薄膜衣时多采用有机溶剂，岗位应设计成防爆包衣间，通常还会设有正压前室，防止有机溶剂扩散。

片剂包衣的主要目的有两个：一是功能性目的；二是非功能性目的。

片剂包衣的功能性目的主要包括：保护药物不受光照、吸潮的影响，增加药物稳定性，改变药物的释放部位及速度，如胃溶型、肠溶型、缓控释等。

片剂包衣的非功能性目的主要包括：改善片剂的外观质量（尤其是中草药片剂），掩盖苦味或不良气味，增加患者的适应性。

包衣的种类主要有两大类，即糖衣和薄膜衣，其中薄膜衣又分为胃溶型和肠溶型两种。

包糖衣主要步骤：①包隔离层；②包粉衣层；③包糖衣层；④包有色糖衣层；⑤打光；⑥印记。

包薄膜衣主要步骤：①包衣液或混悬液的配制；②投料；③预热；④喷雾；⑤干燥冷却；⑥卸料。

一、设备介绍

包衣工艺主要有滚转包衣法、流化床包衣法和压制包衣法。这里主要介绍企业采用最多的滚转包衣法，该类型的设备主要是高效包衣机。

高效包衣机的工作原理是：片芯在旋转的滚筒内，在搅拌器的作用下，呈现连续翻滚的多维化的复杂运动。包衣液从喷枪均匀喷洒到片芯表面，在排风和负压作用下，热风穿过片芯层，使片芯表面的包衣液快速干燥，见图 4-103。

高效包衣机通常由主机、热风柜、排风柜、电控柜、配浆喷雾装置、出料装置、在线清洗系统等部分组成，按主机滚筒结构不同，可分为有孔包衣机和无孔包衣机。有孔包衣机热交换效率高，主要用于中西药片剂、较大丸剂等的有机薄膜衣、水溶性薄膜衣和缓、控释包衣;无孔包衣机热交换效率较低,常用于微丸、小丸、滴丸、颗粒制丸等包制糖衣、有机薄膜衣、水溶性薄膜衣和缓、控释包衣。包衣机外观见图4-104。

图4-103　包衣机工作原理

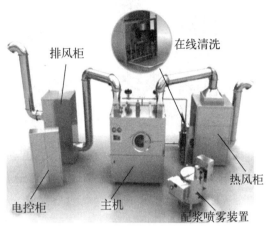

图4-104　包衣机外观结构

1. 无孔包衣机

无孔包衣机主机主要由无孔包衣滚筒、传动系统、流线型导流板、风桨、机座等组成。其结构见图4-105。

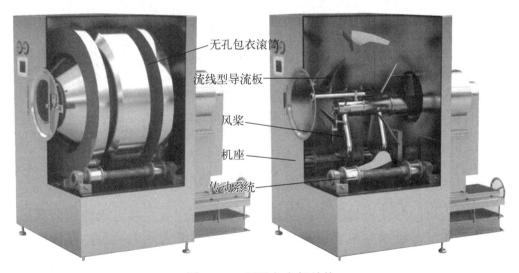

图4-105　无孔包衣机结构

无孔包衣机的热交换过程有两种方式。第一种适合于片剂的生产,即在滚筒的中控轴上安装片剂包衣风桨,使其浸没在片芯层内,使送风管加热后的空气直接进入滚筒内穿过片芯层,再经由风桨上的小孔进入排风管道内被排出,见图4-106。第二种适合于微丸的生产,送风管与排风管接口对调,在滚筒的中控轴上安装包衣风桨,使其浸没在微丸层内,使送风管加热后的空气直接进入包衣风浆，由风浆上的小孔吹向微丸层内，再经由滚筒内排风管道被排出，见图4-107。

图 4-106 适用于片剂生产的无孔包衣机　　图 4-107 适用于微丸生产的无孔包衣机

2. 有孔包衣机

有孔包衣机主机主要由有孔包衣滚筒、传动系统、流线型导流板、机座等组成，其结构见图4-108。

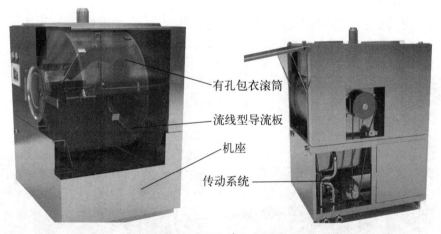

有孔包衣滚筒

流线型导流板

机座

传动系统

图 4-108 有孔包衣机结构

有孔包衣机的热交换过程为：送风管加热后的空气直接进入滚筒内穿过片芯层，由片芯层底部经由排风管道被排出，排风量始终大于供风量，保证包衣滚筒内产生负压。

3. 配浆喷雾装置

配浆喷雾装置主要由配浆罐、空气动力单元、蠕动泵、硅胶管及喷枪总成组成，喷枪位于滚筒的中心位置，配浆罐经由硅胶管连接喷枪总成，蠕动泵将包衣液源源不断地输送至喷枪总成，包衣液在一定的压力下被雾化，均匀地喷洒在片芯表面。主要结构见图4-109和图4-110。

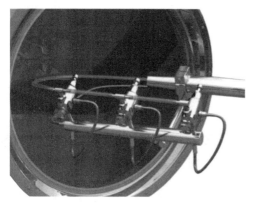

图 4-109　配浆喷枪

图 4-110　配浆系统的其他组成部分

4. 热风柜

由离心风机、初效过滤器、中效过滤器、高效过滤器、热交换器及不锈钢机柜组成。可以直接从室外采风，经初、中、高三级过滤达到洁净要求，加热后的热风由送风管进入包衣滚筒，对片芯进行预热、干燥。主要结构见图 4-111。

5. 出料装置

出料装置由内、外出料器组成，停机后，安装出料装置，滚筒转速降低（2 ～ 3r/min），进行出料。内外出料器分别见图 4-112 和图 4-113。

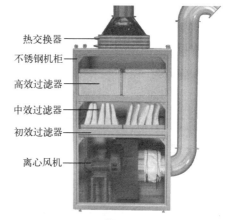

图 4-111　热风柜

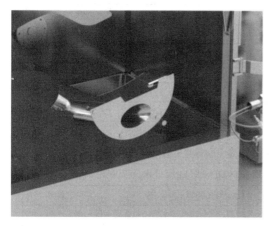

图 4-112　内出料器

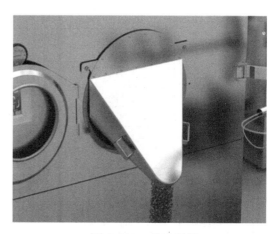

图 4-113　外出料器

二、生产管理

包衣生产过程需要控制以下参数：

① 入口空气流量、入口空气温度、出口空气温度、出口空气露点温度。

② 喷枪到滚筒的距离、喷射的角度和方向、喷雾流量、喷雾雾化压力。

③ 包衣液的温度。

任何一个变量的作用都会受到其他一个或多个变量的影响，因此这些因素通常都不是单独起作用的。例如避免药片间粘连，可以选择减小喷速，提高入口空气的温度或流量，调整喷射角度和雾化压力。这些控制参数应由企业质量控制部经过严格的工艺验证予以确认。

包衣生产过程中，应对原料和产品做以下检查：

① 片芯应检查片重差异、脆碎度、硬度。

② 包衣完成的产品应进行外观检查，包括刻字、颜色、污点等；还应检查平均片重与片重差异、干燥失重、崩解时限及厚度等。对于肠溶的包衣，还应做肠溶试验。

生产过程中按照规定填写岗位生产记录，见图 4-114。

包衣岗位生产记录

生产日期		2023年4月14日		班 次		1班次
品 名		阿司匹林片		规 格		0.5g/片
批 号		20230414		理论量		12万片
生产操作	素片量	60kg	隔离层包衣液	7.96kg(英太奇、滑石粉)		
	包衣液	5.04kg(英太奇、吐温-80)				
	进风温度	60℃	出风温度	45℃		
	包衣筒转速	3r/min	蠕动泵速率	1.5ml/min		
	压缩空气压力	0.45Pa	进风量			
	锅号	1	2	3		4
	开始时间	9:00	9:00			
	结束时间	17:00	17:00			
	包衣液用量1	1kg	1kg			
	衣片总量	72.5kg		取样量		0.1kg
	废料量	0.4kg		崩解时限		60分钟
	晾片开始	17:10		室内温度		20℃
	晾片结束	8:00		室内湿度		52%
物料平衡	公式	(包衣片总量+取样量)/总投料量×100%				
	计算	(72.5kg+0.1kg)/(60kg+7.96kg+5.04kg)×100%=99.5%				
	限度	98%≤限度≤100% 实际为：99.5%			符合限度	
备注	偏差分析及处理：					
操作人		复核人			QA	

图 4-114 包衣岗位生产记录

三、岗位仿真实训

从中间站领取检验合格的素片，采用高效包衣机进行包衣。本实训任务采用有孔包衣机，包衣生产时，将预先配好的薄膜包衣液经泵打出，以极小雾滴从侧面喷射入滚筒，在滚筒内的片芯表面上溶剂迅速挥发、干燥成膜，侧进风、侧排风均不影响包衣液的喷射方式，使包衣液能均匀地包覆于片面。

包衣机装置的主要部件为：热风柜、包衣机、控制柜、排风柜、蠕动泵、保温罐。

1. 生产前准备

生产前进行温湿度、静压差检查，并检查是否有与本次生产无关的物料、文件等。检查相关容器是否清洁、干燥、消毒，且在有效期限内，状态标志情况是否齐全（容器具状态标签）。检查设备是否清洁、干燥、消毒，且在有效期限内，状态标志情况是否齐全（设备状态标签）。操作间状态是否完好，已清洁。对待包衣的物料应核实品名、批号、数量等。物料状态为"压片后"。填写生产前检查记录文件。

空机运行，若无异常，将设备更换成"运行中"状态牌，门上更换为"正在生产"状态牌。

2. 生产操作

将保温桶的电源插头插入防爆插座中，把英太奇与滑石粉的混悬液倒入保温桶中，在保温桶面板中，设定温度为50℃，打开电源开关、打开搅拌开关，保温桶的搅拌桨运转起来。

给主机装上喷头，将片芯倒入主机内，将保温罐与蠕动泵的吸管连接好，喷枪连接压缩空气管道。点击操作面板，进入"手动操作"，转速设置为5r/min；调整风阀开度，热风阀门开度小于排风阀门开度，直到负压值为-75Pa；进行温度设置，进风60℃，出风30℃；调节流量，设为"手动"，流量2L；回到"手动操作"界面，开匀浆，开排风，开热风；点击"喷浆"开关，等待浆液干燥，再次点击喷浆开关，等待浆液干燥。重复以上喷浆操作三次以后，可以更换为英太奇、吐温-80的水溶液，与蠕动泵的吸管连接。反复喷英太奇、吐温-80的水溶液，干燥。

打开面板，关闭"热风阀"，停止"匀浆"。打开包衣仓门，向包衣机内喷入一定量的川蜡，包衣锅转动，等待蜡层混匀。打开包衣仓门，药片流出。接料桶经过称重后，填写物料周转标签，物料状态为"包衣后"，将接料桶送至中间站。填写生产记录文件。表4-24为包衣机操作步骤。

表4-24　包衣机操作步骤

序号	操作步骤	备注
1	检查喷枪	
2	匀浆开（空运转）	

序号	操作步骤	备注
3	匀浆关	
4	进入手动操作，转速设为 5r/min；调风阀开关，热风阀开度小于排风阀，直到 -75Pa；设置温度，进风 60℃，出风 30℃；调整流量，设为手动，流量 2L	
5	倒入片剂	
6	匀浆开	
7	打开排风阀	
8	打开热风阀	
9	注入英太奇和滑石粉混悬液	反复加三次
10	注入英太奇和吐温 -80 混悬液	反复加三次
11	关闭热风阀	
12	关闭排风阀	
13	注入川蜡	
14	出料	
15	匀浆关	
16	物料转移	
17	QA 生产检查	
18	称量物料	
19	贴物料标签	

3. 清场工作

取下设备和操作间的"运行中"和"正在生产"状态牌，分别换上"待清洁"和"清场中"状态牌。容器具送至容器具清洗间清洗，经 QA 检查合格后，设备换上"已清洁"状态牌，操作间换上"清场合格证（副本）"标志牌，填写"清场记录文件"。包衣机清洗步骤见表 4-25。

表 4-25　包衣机清洗步骤

序号	操作步骤	备注
1	打开可视窗	
2	喷枪送至清洗间清洗	
3	清洁剂清洗	
4	纯化水清洗	
5	酒精清洗	
6	纯化水抹布擦拭	

👥 **思考题**

1. 高效包衣机由哪几部分结构组成？
2. 简述包衣岗位中具体的操作步骤。
3. 包衣操作中应该注意哪些问题？

任务十七 硬胶囊填充岗位操作

胶囊填充岗位是硬胶囊剂生产的主要工序，将总混岗位混合后的颗粒向空心胶囊进行填充形成中间产品。

胶囊填充岗位如无特殊要求，洁净级别通常设计为 D 级。由于胶囊填充生产过程中会产生一定量的粉尘，胶囊填充间通常采用前室技术，或者与外室形成相对负压，以减少粉尘的扩散和交叉污染；胶囊机设有相应的吸尘装置，可放置在相邻的机械室，减少填充间内的机械噪声和粉尘量。

一、设备介绍

将干性颗粒或粉状物料装于空心硬质胶囊中制成胶囊剂的机器称为胶囊填充机。胶囊填充机分为半自动胶囊填充机和全自动胶囊填充机。目前制药企业多数选用先进的全自动胶囊填充机。

全自动胶囊填充机工作时，由若干个不同的工位组合完成，整个填充过程分为以下几个主要工序：胶囊排序、胶壳分离、药物填充、胶壳闭合、胶囊推送、模具清理，所有工序连续进行。不同设备厂家的胶囊机工位数量和工序顺序会有微调。剔废装置自动剔除不合格中间产品，但并不能完全保证剔除所有胶囊废品，需要后续工序完成检漏（例如胶囊抛光分选机）。

本节以 CFM 系列全自动硬胶囊填充机为例进行介绍。

CFM 系列全自动硬胶囊填充机，采用全封闭不锈钢结构，整机的运转采用自动分度、间歇回转、高精度十二工位转台设计，每个模块有四排模块孔，设有四组胶囊理序和胶壳分离装置，极大地提高了设备的生产速度，产量可达到 40 万粒 / 小时以上。该设备采用独立电控柜，电气控制区与生产区分离；采用高精度分度器的传动系统，运转更加平稳可靠；模块加装清洁装置，提高设备连续生产能力；产量超高，适应单一品种大批量生产。

CFM 全自动胶囊填充机主要结构由胶囊料斗、胶囊顺序装置、胶囊剔废装置、药粉料斗、胶囊填充计量装置、胶囊锁合装置、胶囊分装转台、胶囊成品出口、模块清洁装置、传动装置和电器控制系统等组成。

空胶囊料斗由料斗与输送管路组成，主要储存空胶囊并使空胶囊逐个竖直进入胶囊顺序装置。

　　胶囊顺序装置连接空胶囊料斗，使所有空胶囊进入模具时，保持胶囊体向下，进入顺序装置的选送叉内，选送叉向下一次会送出一排空胶囊，并调整胶囊帽在上。进入模孔的同时，真空分离系统把胶囊顺入到模块中，利用真空产生吸附力将胶囊体帽分开。

　　胶囊调头原理：胶囊帽直径大于胶囊体直径，导板的滑槽宽度与胶囊帽直径相同，略大于胶囊体的直径，槽两边摩擦力对胶囊帽产生夹紧力，推进叉沿导板做水平往复运动，在结构设计上保证每次推进叉最前端始终作用在直径较小的胶囊体上，使胶囊体以胶囊帽为重心圆点，发生转动，保证所有空胶囊的胶囊体向前进入模具中。见图 4-115。

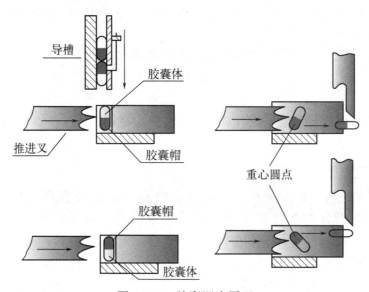

图 4-115　胶囊调头原理

　　上下模具水平分开后，进入剔废工位，剔废推杆向上测试上模块，将未分离或不合格的空胶囊剔除；剔废工位设置在填充计量工位前，以减少药粉暴露在空气中的时间，最大程度减少对中间产品的污染。有些机型将剔废工位设置在填充计量工位之后。

　　药粉进料装置：药粉料斗由粉斗、粉斗螺杆、下料输送管等组成，在螺杆和搅拌作用下控制药粉的流动性和进入计量盘的药粉量，见图 4-116。

图 4-116　药粉料斗

　　胶囊填充计量装置：根据胶囊规格及装量匹配相应规格的计量盘，药粉在间歇旋转的计量盘内经过五次充填成为药柱，并推入到下模块的胶囊体中，见图 4-117。

当药柱推入下胶囊体后，上、下模块闭合，进入胶囊压合工位，工位下部推杆从胶囊体下部向上推，胶囊帽被上模块顶部的限位板封住，使得胶囊帽与胶囊体完成扣合，见图 4-118。

图 4-117　填充计量

图 4-118　胶囊扣合

锁合好的胶囊，在导出工位由下推杆顶出上模块，推送装置将成品胶囊推出下料口，整个装置由伺服电机控制，保证了高产量下出料口不产生堆积，同时实现中间产品准确、实时地监控，便于及时调整中间产品装量。

模具的清理采用气动喷射器技术，在清理模块孔时产生瞬间高压空气，将孔壁的粉尘彻底吹起，被吸尘器吸走。

为保证胶囊填充机的正常工作，常常需要选配胶囊抛光分选机、工业吸尘器和真空上料机。

胶囊抛光分选机，利用滚筒内的毛刷清洁胶囊表面的粉尘，达到抛光效果。设备外观见图 4-119。配有变频调速电机，进料口高低可调，拆装简便，方便清洗。利用气体分选出装量轻微、空壳碎片和体帽分离的胶囊，不合格的胶囊从上方剔除，合格的胶囊由下方排出。

工业吸尘器采用聚酯滤筒立式过滤结构，自动脉冲喷吐清灰装置。吸尘能力强、噪声低，维护清洁方便，运行平稳，可与压片机、胶囊机等设备对接。

图 4-119　胶囊抛光分选机

真空上料机：以压缩空气为动力源，形成真空将物料从周转容器中自动输送到胶囊机的加料装置中；密闭传输、无粉尘，可以与设备配套形成自动化进料控制。

二、生产管理

胶囊填充生产过程的主要管理要点如下：

（1）模具　胶囊填充岗位应该设置模具间，有专人负责模具的管理（领用、核对、保养等），建立模具管理制度，保证模具的质量，提高使用率。生产前后均应检查模具的类型、规格、光洁度，检查有无破损情况（磨损、凹槽、卷皮、缺角等）。

（2）调试生产　设备各装置的模具和配件安装完成后，先进行调试运行；手动模式下转动几圈，各工位无明显卡顿现象，再设定机器的转速，开动机器试运行，按工艺要求，调整胶囊的填充重量，满足质量控制标准后，才可进入正式生产。试压生产的胶囊，需全部收集统一按废弃物处理。

（3）胶囊挑选　用于剔除半囊、空囊和胶囊裂口等残次品。向胶囊传送带通空气，重量轻的残次品就会被空气带走，合格的胶囊则被保留。

（4）偏差处理　在线检测各项参数，偏差超出控制范围时，需立即停机，进行调整，调整过程中生产的胶囊，需全部收集统一按废弃物处理。

胶囊生产过程中，需要检测以下主要指标：

（1）外观检测　从胶囊填充机出口取规定数量胶囊，以纯白色背景作对照进行检查，并记录。每隔规定时间（1h）进行一次外观检测。

（2）平均囊重检测　从胶囊填充机出口取10粒，一起称重计算平均值，并记录。每隔规定时间（15min）检查一次平均囊重。

（3）囊重差异检测　从胶囊填充机出口取20粒，每粒分别称重，并记录。每隔规定时间（1h）检查一次囊重差异。

（4）胶囊崩解时限检测　由质量控制部门人员负责取样，执行检测，通常每班最少检查崩解时限1次。

生产过程中按规定填写岗位生产记录文件（见图4-120）和周转标签（见图4-121）。

硬胶囊填充岗位生产记录

	生产日期	2023年08月21日	班　次	1班次	
	品　名	阿司匹林胶囊	规　格	0.5g/片	
	批　号	20230821	理论量	12万片	
生产操作	填充时间	240分钟	填充开始	9:30	
	填充结束	13:30	模具规格	0#	
	每粒重	0.5g	装量差异	0.462~0.538g	
	崩解时限	15分钟	胶囊壳颜色	红色	
	装量差异检查频次	30分钟/次	填充速度	800粒/分钟	
	领颗粒量	61.85kg	领胶囊壳量	3.65kg	
	颗粒余量	2.2kg	胶囊总量	62kg	
	取样量	0.1kg	废料量	0.7kg	
	设备名称	全自动胶囊填充机	设备编号	FW-10-01	
物料平衡	公式	（胶囊总量+取样量+颗粒余量)/领颗粒量×100%			
	计算	(62kg+0.1kg+2.2kg)/(61.85kg+3.65kg)×100%=98.2%			
	限度	95%≤限度≤100%　　实际为98.2%	☑ 符合限度	☐ 不符合限度	
备注	偏差分析及处理：				
	操作人		复核人		QA

图4-120　硬胶囊填充生产记录

周转标签

品名	阿司匹林胶囊
物料名称	胶囊
批号	20230821
配置量	12万粒
物料状态	胶囊填充后
毛重	16.5kg
净重	15.5kg
批总量	66.96kg
规格	0.5g/粒
操作人	
日期	2023年08月21日

图 4-121　硬胶囊填充周转标签

三、岗位仿真实训

1. 生产前准备

生产前进行温湿度、静压差检查，并检查是否有与本次生产无关的物料、文件等。检查相关容器是否清洁、干燥、消毒，且在有效期限内，状态标志情况是否齐全（容器具状态标签）。检查设备是否清洁、干燥、消毒，且在有效期限内，状态标志情况是否齐全（设备状态标签）。操作间状态是否完好，已清洁。模具是否已检查。对待填充的物料应核实品名、批号、数量等。物料状态为"总混后"。填写生产前检查记录文件。

检查电源是否连接正确；除尘设备是否连接；检查润滑部位，在轴承、主传动减速器、供料减速器、工位分度箱处加注润滑油。

打开机器后门，用手动轮驱动机器运转 3 ～ 5 个工位，并无卡滞现象。检查有无松动或者错位现象，若有则需要加以校正并紧固。

将吸尘器软管插入填充机吸尘接口，点击"真空启动"，调节真空泵水源阀门，检查真空压力表数值是否达到胶囊的分离要求。

旋动电源开关，接通主机电源，启动吸尘器，检查吸尘情况。运行方式设置为点动模式。检查加料点是否逆时针运转并装上物位传感器。

将盛有胶囊壳的物料桶，向胶囊料斗内倾倒。启动真空泵，启动主机，试播囊。试播过程应顺畅，且囊体朝下、囊帽朝上。若有胶囊下料方向异常，可通过调节播囊器进行校正。

在控制面板上点击"操作信息"，设置参数，输入批号；设置转速，本机转速范围为 256 ～ 400 粒 / 分钟，点击"方式选择"，设为连续、自动加料。返回主界面，点击"主启动"按键，进行试填充。点击"停止"按键。

装上计量盘，依次装充填杆。转动手动轮，使充填部件落到最低位。松开与拧紧黑色旋钮，并依次调节至规定刻度。调节黑色旋钮，松开、拧紧反复 3 ～ 5 次，再调节第二组模块。转动手动轮，确认充填杆与计量盘孔无碰撞和摩擦现象。六组充填杆插入计量孔规定高度。倒入药粉。

检查装量准确性，开机前四扇玻璃门必须关紧。按"手动加料"加料到药室，启动主机，启动真空泵，进行试生产。出料时需停机取料并称重，直到药粉装量合格为止。

填写设备调试装量差异检查记录文件，如图 4-122。

设备调试装量差异检查记录

品名：阿司匹林胶囊		批号：20230217		理论囊重：0.5g/粒		检验人：		
日期： 2023年02月17日				班次： 一班				
检测时间	重量记录							
8:30	0.475	0.479	0.477	0.474	0.476	0.478	0.472	0.473	0.478
8:40	0.521	0.523	0.521	0.525	0.524	0.522	0.521	0.521	0.523
8:50	0.498	0.595	0.504	0.505	0.508	0.504	0.504	0.503	0.497
备注：								

图 4-122　设备调试装量差异检查记录

2. 生产操作

启动主机，启动真空泵，调速进行生产。生产一段时间后，不停机再次取样、称重。待合格后，进行正式填充。及时补充药物和空心胶囊。随时检查胶囊重量和外观是否符合要求，随时调整。填写装囊工序装量差异检查记录文件，见图 4-123。

装囊工序装量差异检查记录

品名：阿司匹林胶囊		批号：20230217		理论囊重：0.5g/粒		检验人：		
每次抽验粒数：10粒			每隔时间30分钟					
日期：2023年02月17日				班次：一班				
检测时间	重量记录							
9:00	0.490	0.492	0.501	0.510	0.508	0.511	0.504	0.503	0.498	0.495
9:30	0.491	0.494	0.511	0.504	0.505	0.510	0.509	0.507	0.496	0.499
10:30	0.491	0.492	0.502	0.511	0.507	0.510	0.508	0.509	0.499	0.498
11:00	0.499	0.498	0.506	0.501	0.508	0.503	0.504	0.503	0.499	0.498
11:30	0.498	0.495	0.504	0.505	0.508	0.504	0.504	0.503	0.497	0.498
备注：									

图 4-123　装囊工序装量差异检查记录文件

生产完毕后，点击操作面板，停止胶囊机运转。胶囊填充机操作步骤见表4-26。

表 4-26　胶囊填充机操作步骤

序号	操作步骤	备注
1	启动（空转）	
2	停止	
3	供料	
4	打开吸尘器	
5	启动	
6	停止	
7	物料转移	
8	QA 生产检查	
9	称量物料	
10	贴物料标签	

3. 清场工作

取下设备和操作间的"运行中"和"正在生产"状态牌，分别换上"待清洁"和"清场中"状态牌。容器具送至容器具清洗间清洗，经 QA 检查合格后，设备换上"已清洁"状态牌，操作间换上"清场合格证（副本）"标志牌，填写"清场记录文件"。胶囊填充机清洗步骤见表4-27。

表 4-27　胶囊填充机清洗步骤

序号	操作步骤	备注
1	关闭电源	
2	打开玻璃门	
3	拆下零部件送至洁具间清洗	
4	吸尘器清洁（设备后侧）	
5	纯化水抹布擦拭内部	
6	酒精清洗	
7	关闭玻璃门	
8	纯化水抹布擦拭设备外部	

👥 **思考题**

1. CFM 全自动胶囊填充机主要结构包括哪些？
2. 硬胶囊填充生产过程的主要管理要点有哪些？
3. 简述硬胶囊填充岗位的具体操作步骤。

任务十八　包装岗位操作

包装岗位通常是固体制剂生产的最后一道工序，包装岗位可分为内包装、外包装。

内包装岗位如无特殊要求，洁净级别通常设计为 D 级，外包装岗位通常为一般生产控制区。目前企业基本采用自动化包装生产联动线，设备贯穿内包装与外包装生产操作间，极大地提高了生产效率。

一、设备介绍

目前制药企业普遍采用自动化程序较高的包装设备，生产人员监控；人工包装逐步被替代。

这里主要介绍口服固体制剂中常见的塑瓶包装、铝塑包装和颗粒分装。

塑瓶包装生产线：主要应用于片剂、胶囊剂、软胶囊剂的瓶装数粒包装。生产线主要由理瓶机、数粒/数片灌装机、干燥剂投入机、压盖机、封口机、贴标机等部分组成，见图 4-124。

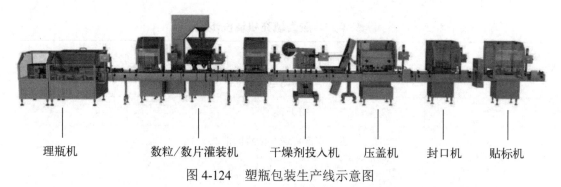

理瓶机　　数粒/数片灌装机　　干燥剂投入机　　压盖机　　封口机　　贴标机

图 4-124　塑瓶包装生产线示意图

铝塑包装生产线：主要应用于片剂、胶囊剂、软胶囊剂的铝塑压膜包装。生产线主要由铝塑包装机、自动装盒机等部分组成，见图 4-125。

颗粒分装机：主要应用于颗粒剂、散剂的压膜分装包装。设备主要由下料装置、封装装置、传动装置等部分组成，见图 4-126。

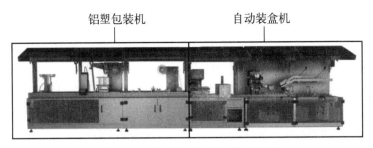

图 4-125　铝塑包装生产线示意图

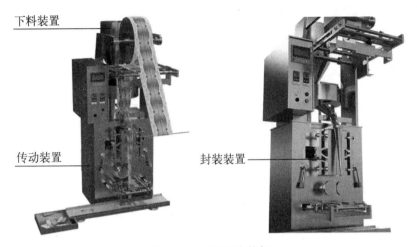

图 4-126　颗粒分装机

二、生产管理

1. 药品包装的作用

生产的药品要进行必要的包装。产品的包装主要起到以下作用：

① 保护药品，免受日晒、风吹、雨淋、灰尘沾染等自然因素的侵袭，防止挥发、渗漏、溶化、沾污、碰撞、挤压、散失等情况发生。

② 为药品的流通、销售、经营环节，带来便利，如装卸、盘点、码垛、发货、收货、转运、销售计数等。

③ 实现药品的商品价值和使用价值。

2. 包装过程的质量控制

包装过程质量控制的关键指标主要有：

① 选用带有反吹功能的理瓶机，减少瓶内异物残留。

② 定期检查装量设备，避免药品装量不准确。

③ 产品标签上打印的批号必须正确。

④ 电子监管码，清晰可见。

⑤ 印刷包装材料应当由专人专管，岗位专人领用。

生产过程中，按要求填写各岗位的生产记录文件，见图 4-127 ～图 4-129。

塑瓶包装生产记录

生产日期		2023年4月14日			班 次	1班次
品 名		阿司匹林胶囊			规 格	100/粒/瓶
批 号		20230414			理论量	1200瓶
生产操作	瓶装时间	180分钟	瓶装开始	9:00	瓶装结束	12:00
	领颗粒量	12万粒	瓶装颗粒	12万粒	颗粒余量	0
	领塑料瓶量	1200瓶	塑料瓶用量	1200瓶	塑料瓶余量	0
	领瓶盖量	1200个	瓶盖用量	1200个	瓶盖余量	0
	设备名称	数粒包装机		设备编号	FW-10-01	
物料平衡	公式	(瓶装颗粒总量+颗粒余量)/领颗粒量×100%				
	计算	(12万+0)/12万×100%=100%				
	限度	95%≤限度≤100% 实际为100% 符合限度				
备注	偏差分析及处理：					
操作人			复核人		QA	

图 4-127 塑瓶包装生产记录文件

铝塑包装生产记录

生产日期		2023年04月16日				班 次			1班次
品 名		阿司匹林片				规 格			0.5g/片
批 号		20230415				理论量			12万片
生产操作	时间	批号清晰正确	热压花纹清晰均匀	时间	批号清晰正确		热压花坟清晰均匀		
	9:00	是√ 否□	是√ 否□	14:00	是√ 否□		是√ 否□		
	9:10	是√ 否□	是√ 否□	14:10	是√ 否□		是√ 否□		
	9:20	是√ 否□	是√ 否□	14:20	是√ 否□		是√ 否□		
	9:30	是√ 否□	是√ 否□	14:30	是√ 否□		是√ 否□		
	9:40	是√ 否□	是√ 否□	14:40	是√ 否□		是√ 否□		
	9:50	是√ 否□	是√ 否□	14:50	是√ 否□		是√ 否□		
	10:00	是√ 否□	是√ 否□	15:00	是√ 否□		是√ 否□		
	领片量	72.5kg	剩余量	0kg		下角料及废板量		0.3kg	
	领铝箔量	5kg	铝箔余量	0.3kg					
	领PVC量	8kg	PVC余量	0.5kg					
	铝塑板总量	84.4kg	PVC规格	0.7mm		包装规格		10片/板	
	PVC产地	江苏				铝箔产地		江苏	
	设备名称	铝塑包装机	设备编号	FW-12-01		模具型号		9mm	
物料平衡	公式	(铝塑板总量+取样量+余料量+铝箔余量+PVC余量)/(领料量+药片量)×100%							
	计算	(84.4kg+0.3kg+0.5kg)/(72.5kg+5kg+8kg)×100%=99.6%							
	限度	95%≤限度≤100% 实际为99.6% ☑符合限度 □不符合限度							
备注	偏差分析及处理：								
操作人			复核人			QA			

图 4-128 铝塑包装生产记录文件

颗粒分装生产记录

生产日期		2023年4月14日		班次	1班次
品名		阿司匹林颗粒		规格	0.5g/袋
批号		20230414		理论量	12.27万袋
生产操作	填充时间	240分钟	填充开始		9:30
	填充结束	13:30	每袋重量		0.5g
	装量差异	0.462~0.538g	装量差异检查频次		15分钟/次
	领颗粒量	61.35kg	颗粒分装量		61kg
	颗粒余量	0	颗粒损耗量		0.35kg
	领内包材量	8kg	内包材使用量		5kg
	内包材余量	2.5kg	内包材损耗量		0.5kg
	设备名称	颗粒分装机		设备编号	FW-10-01
物料平衡	公式	（颗粒分装量+颗粒余量+颗粒损耗量）/领颗粒量×100%			
	计算	(61kg+0+0.35kg)/61.35 kg×100%=100%			
	限度	95%≤限度≤100%　　实际为100%　　符合限度			
备注	偏差分析及处理：				
操作人		复核人		QA	

图 4-129　颗粒分装生产记录文件

三、岗位仿真实训

本实训主要内容为铝塑包装机的操作。填充好的硬胶囊移至内包间进行铝塑包装。

1. 生产前检查

生产前进行温湿度、静压差检查，并检查是否有与本次生产无关的物料、文件等。检查相关容器是否清洁、干燥、消毒，且在有效期限内，状态标志情况是否齐全（容器具状态标签）。检查设备是否清洁、干燥、消毒，且在有效期限内，状态标志情况是否齐全（设备状态标签）。操作间状态是否完好，已清洁。对待包装的物料应核实品名、批号、数量等。物料状态为"胶囊填充后"。填写生产前检查记录文件。

检查设备各部件、配件及模具是否齐全，紧固件有无松动，润滑情况是否良好，真空系统是否良好。

根据操作规程，更换相应规格的泡罩成型模块。PVC成型先经过上下加热板加热软化，然后采用压缩空气吹气成型。根据药剂的批号，更换正确的批号。批号的打印在热封板上完成，即更换热封板里面的铅字块，按照年、月、日、批号的顺序换上新的批号。这样在生产时，产品就会印上生产批号。

安装PVC塑片，点击操纵面板上牵引按钮。安装铝箔，放下加热箱，放下引料辊上压块，成型加热板温度到位，再开主机，塑料PVC先成型，成型泡眼与热风模具孔位符合。放下热风模压住铝箔，铝箔会带动冲裁，点击操作面板设置产量1次，点击启动。空机运转，若无异常即可投料生产。

填写生产前检查记录文件。设备更换成"运行中"状态标志牌，门上更换为"正在生产"状态牌。

2. 生产操作

将物料加入设备中，打开电源，指示灯亮。打开温控仪，控制成型温度，一般上加热设置为90℃，下加热预置为100℃；控制热封仪温度，温度预置为120～140℃。点击控制面板加料和启动。待岗位的温度和相对湿度达到规定标准时，戴好手套，加料开始包装。点击操纵面板上的停止按钮。接料桶经过称重后，填写物料周转标签，物料状态为"铝塑包装后"，将物料桶送至中间站。

铝塑包装机操作步骤见表4-28中，颗粒包装机操作步骤和塑瓶包装机操作步骤分别列于表4-29和表4-30中，以供参考比较。

表4-28　铝塑包装机操作步骤

序号	操作步骤	备注
1	更换设备状态标志为运行中	
2	打开控制面板，进行空转	
3	倒料	
4	开机	
5	关机	
6	QA生产检查	
7	清场	

表4-29　颗粒包装机操作步骤

序号	操作步骤	备注
1	开始加热	

序号	操作步骤	备注
2	开始设备运行	
3	停止设备运行	
4	抽检封装袋密封性	
5	提升机倒料（颗粒必须保持在料斗二分之一以上体积）	
6	开始设备运行	
7	开始出料	
8	停止设备运行	
9	抽检	
10	开始设备运行	
11	开始出料	
12	抽检（实际操作中，每隔15分钟抽检一次）	
13	停止加热	
14	停止设备运行	
15	QA生产检查	
16	清场	

表 4-30　塑瓶包装机操作步骤

序号	操作步骤	备注
1	空运转（高速理瓶机、电子数粒机、自动检重秤、干燥剂塞入机、旋盖机、封口机、不干胶贴标机依次运转）	
2	运转停止	
3	倒料	
4	运转	
5	运转停止	
6	QA生产检查	
7	清场	

3. 清场操作

取下设备和操作间的"运行中"和"正在生产"状态牌，分别换上"待清洁"

和"清场中"状态牌。容器具送至容器具清洗间清洗，经QA检查合格后，设备换上"已清洁"状态牌，操作间换上"清场合格证（副本）"标志牌，填写"清场记录文件"。

 **思考题**

1. 塑瓶包装生产线、铝塑包装生产线、颗粒分装机的结构组成包括哪些?
2. 药品包装有哪些作用?
3. 包装过程质量控制的关键指标主要有哪些?
4. 简述铝塑包装、颗粒分装和塑瓶包装的具体操作步骤。

任务十九 中间站岗位仿真实训

中间站用于存放生产中原辅料、各工序中间产品、各种可再利用物料，及其他因生产问题需进一步确认的物料。

1. 进站前检查（原辅料和半成品）

岗位操作工将当日生产的未检验的物料用小推车送交中间站，中间站管理员与其交接。将物料的品名、批号、数量与生产标签核对。检查物料的密封性，称量物料的重量，与生产指令进行核对。检查中间站围栏地面，是否有"待检区""不合格区""合格区"。物料成功交接后，中间站管理员填写进站记录，并和岗位操作工一起在进站记录文件上签名。样式如图4-130所示。

进站记录

日期	班次	袋数	总重量/kg	物料名称	备注
2023.2.16	2023-02-06-01	4	36	阿司匹林	
半成品生产者	陈宇		中间站签名	曹林	

图 4-130 进站记录

若物料为原辅料，则岗位操作工将原辅料搬到"合格"区存放。若物料为半成品，则岗位操作工将物料移至"待检区"。物料存放好后，质检员对半成品进行抽样，并送到中控检测室检测。检测合格后，QA填写请验单（样式见图4-131），送到缓冲区，给QC（质检员）打电话，说明半成品已进站，可以来取样检查。QC对半成品进行取样质检，并将样品带回检验中心进行硬度、片重差异、脆碎度等产品规定检测项目的检查。

请验单

待检品名称	规格		批号	总容器数
阿司匹林	无		20230217	4
请验工序	请验人	请验日期	审核人	审核日期
压片	张亚	2023年02月16日		2023年02月16日
抽样人	抽样数量	抽样容器数	抽样日期	
	1	1	2023年02月16日	

图 4-131　请验单

岗位操作工将检验报告书和合格证（不合格证）给中间站管理员，管理员将合格物料放入绿色围栏内。在墙壁挂上绿色"合格"牌，标明"合格"和"日期"。将检验不合格的物料放入红色围栏内，在墙壁上挂红色"不合格"牌，标明"不合格"和"日期"。"待检""合格"或"不合格"物料应分区存放，各区域应有一定距离。不同品种、批号分开码放。

2. 物料出站

下道工序的操作工按照生产记录到中间站领料，操作工核对物料的品名、批次、规格、性状，称量物料重量，中间站管理员填写（半成品）出站记录文件，见图 4-132。中间站管理员将物料的生产指令、物料检验单随物料交给操作工。

出站记录

日期	班次	桶(袋)数	总重量/kg	物料名称	备注
2023年02月16日	2023-02-16-01	4	36	阿司匹林	
领用人签名	陈育		中间站签名	陈刚	

图 4-132　出站记录文件

3. 清场工作

工作的最后，岗位操作工在 QA（质量保证员）的安排下，进行地面、设备、空调进风口、回风口、墙面、玻璃、工作台的清洁。清洁按照 SOP 实施。岗位操作工清场工作完成后，填写清场记录文件，填写完交给 QA。

项目五

小容量注射剂

📡 知识目标

1. 掌握小容量注射剂制备的生产工艺流程及车间布局。
2. 掌握配液、洗灌封的操作要点。
3. 熟悉配液罐、洗灌封联动生产线。

🎯 技能目标

1. 能按照工艺流程独立完成小容量注射剂的制备。
2. 能正确操作配液罐、灌封机等。

💡 思政素质目标

1. 具有良好的职业道德和行为规范。
2. 具有创新精神和团队合作精神。
3. 具有一定的自学能力。
4. 树立良好的药物制剂质量意识。

小容量注射剂也称水针剂，指装量小于 50ml 的注射剂，生产过程包括原辅料和容器前处理、称量、配液、灌封、灭菌、质量检查、包装等步骤。其生产工艺流程图见图 5-1。本项目主要讲解小容量液体注射剂的仿真实训操作，仿真车间的平面图见图 5-2。

小容量注射剂的包装容器称为安瓿。我国目前以玻璃安瓿应用较多，

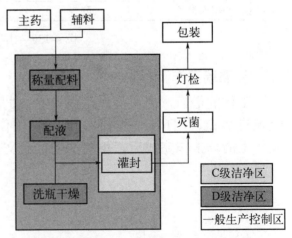

图 5-1　小容量注射剂生产工艺流程图

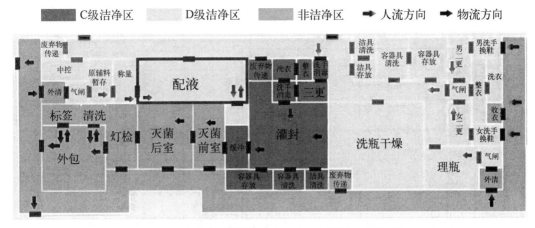

图 5-2 小容量注射剂仿真车间平面图（见彩图）

并强制推行曲颈易折安瓿，以避免折断时产生的玻璃屑、微粒污染药液。因无色安瓿便于检查药物的可见异物，因此多以无色安瓿为主。对于光敏性药物，可采用棕色安瓿，但棕色安瓿含有氧化铁，痕量氧化铁可能进入药液，对部分药物造成影响，因此棕色安瓿的应用范围受到一定限制。安瓿常用的规格通常有 1ml、2ml、5ml、10ml、20ml 等。

随着化学工业的发展，塑料安瓿也有应用，材质为聚乙烯。塑料安瓿不会产生碎屑，采用扭力开瓶，旋转即可开启，操作方便，且断口不锐利，不会划伤操作人员；还能防撞击，便于运输和携带。

 思考题

画出小容量注射剂的生产工艺流程图。

任务一　配液岗位操作

配液是依据生产指令和岗位操作规程进行药液的浓配、稀配与过滤，得到合格的小容量注射剂。配液岗位如无特殊要求，其洁净度通常设计为 D 级。

一、设备介绍

配液系统通常包括配液罐、存储罐、过滤系统及辅助装置，配液系统流程示意见图 5-3。

配液罐是具有搅拌、加热和保温功能的罐体设备，主要结构见图 5-4。配液罐罐体主要有立式、支脚式，夹套加热保温，上、下椭圆封头结构，采用 316L 不锈钢板制造。搅拌轴的密封一般采用机械密封，可采用变频调速器控制。

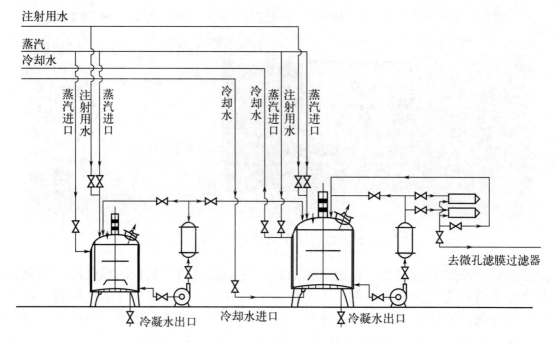

图 5-3　配液系统流程示意图

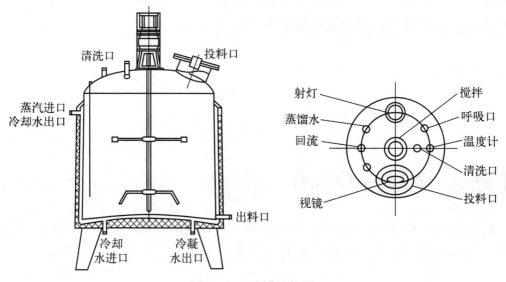

图 5-4　配液罐结构图

　　配液罐可采用机械双层搅拌桨，有效提高药液配制浓度的均匀性，见图 5-5；也可采用磁力搅拌。目前，磁力搅拌器在配液系统中也有了大量应用。磁力搅拌器的组成结构见图 5-6。

　　为提高药液调配系统的生产效率和药液调配的精度，采用先进的重量称重控制系统对纯化水的量进行自动控制，减少了人工操作的劳动强度，提高了药液调配的精度。称重模块由传感器、顶板、底板、承压件和保护限位装置等组成。称重模块安装在罐体支座下方，结构示意见图5-7。

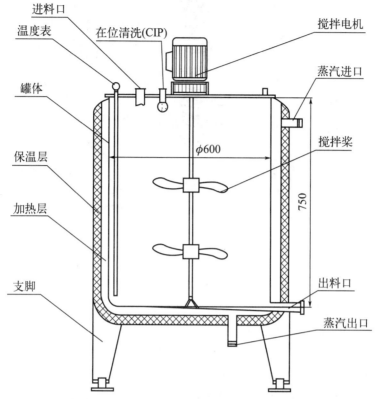

图 5-5　搅拌桨示意图（单位：cm）

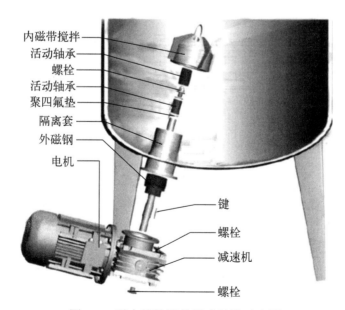

图 5-6　磁力搅拌器的组成结构示意图

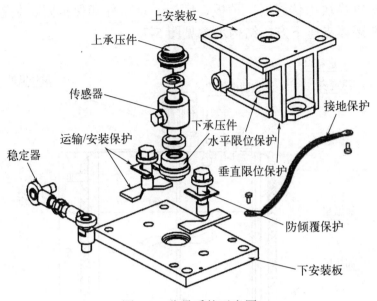

图 5-7　称量系统示意图

配液完成后，药液要经过过滤处理。过滤是保证注射液澄明度的重要操作，一般分为初滤和精滤。如药液中沉淀物较多时，特别是加活性炭处理的药液须初滤后方可精滤，以免沉淀堵塞滤孔。

过滤过程常用的微孔滤膜采用高分子材料（如醋酸纤维素等）制作，滤膜安放时，反面朝向被滤过液体，有利于防止膜的堵塞。微孔滤膜用于精滤或无菌过滤。为了增大过滤单位体积的过滤面积，常将高分子平板微孔膜折叠成手风琴状后再围成圆筒形，称为折叠式微孔膜滤芯，见图5-8。

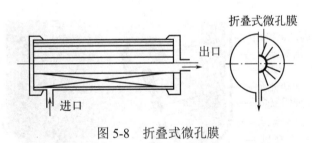

图 5-8　折叠式微孔膜

二、生产管理

生产过程主要对以下因素进行控制：

1. 活性炭的使用

在注射剂配液时，为提高澄明度通常要使用活性炭，使用时要做到：

（1）使用药用活性炭；

（2）控制活性炭用量；

（3）吸附过程注意搅拌；

（4）吸附时间要足够。

2. 过滤器的管理

过滤器在生产中可重复使用，但为避免交叉污染，应做到同品种专用。

3. 药液的贮存

药液配好后如不能及时灌装，可按相关规程贮存，但必须注意贮存的条件与时限。

本任务生产过程的物料标签见图5-9，生产记录文件见图5-10。

物料标签

品 名	对乙酰氨基酚注射剂
物料名称	对乙酰氨基酚配液
批 号	20231111
配置量	10万支
物料状态	配液后
批总量	20万毫升
规 格	0.25g/2ml
操作人	
日 期	2023年11月11日

图 5-9 配液生产物料标签

配液岗位生产记录

品 名	对乙酰氨基酚注射剂		批 号		20231111
规 格	2ml/0.25g		本批生产量		10万支
生产日期		2023年11月11日			
设备名称	配液罐		设备编号		SB02—04
按工艺要求配料	原辅料名称		单位		数量
（1）溶剂配制	聚乙二醇-400		L		70
	注射用水		L		适量
（2）额定量溶剂中加入原辅料	对乙酰氨基酚		kg		25
	无水亚硫酸钠		kg		0.4
	注射用活性炭		kg		0.1
（3）浓配	按浓配浓度要求加入注射用水，调节药液pH值为中间体的规定值		加溶剂至		15万毫升
			搅拌时间		3min
			所加pH值调节剂名称		10%H_2SO_4
			pH值		6.2~7.0
（4）稀配	加溶剂至规定量，调节pH值在规定范围内		加溶剂至		20.2万毫升
			搅拌时间		25min
			所加pH值调节剂名称		10%H_2SO_4
			pH值		6.2~7.0
操作人		复核人		QA	

图 5-10 配液岗位生产记录

三、岗位仿真实训

配液岗位旨在完成药液的配制操作，主要设备是配液罐。

1. 生产前准备

生产前进行温湿度、静压差检查，并检查是否有与本次生产无关的物料、文件等。检查相关容器是否清洁、干燥、消毒，且在有效期限内，状态标志情况是否齐全（容器具状态标签）。检查设备是否清洁、干燥、消毒，且在有效期限内，状态标志情况是否齐全（设备状态标签）。操作间状态是否完好，已清洁。对待配液的物料应核实品名、批号、数量等。填写生产前检查记录文件。

2. 生产操作

注射液配制前，应正确计算原辅料的用量，称量时，两人进行核对。

注射液的配制方法分为浓配法和稀配法两种。浓配法是指将全部药物加入部分处方量溶剂中配成浓溶液，加热或冷藏后过滤，然后稀释至所需的浓度，此法可滤除溶解度小的杂质。稀配法是指将全部药物加入全部处方量溶剂中，一次配成所需浓度，再进行过滤，此法可用于优质原料。

注射液过滤，一般采用二级过滤，即先将药液进行预滤，常用钛滤器；预滤后进行精滤，常用微孔（孔径 0.22 ～ 0.45μm）膜滤器。药液经含量、pH 检验合格后，方可精滤。

配液操作时（以稀配法为例），将生产所需的物料从加料口加入到配液罐中，打开搅拌桨，加入适量的注射用水，调节药液含量至工艺规定要求。在搅拌桨的作用下混合均匀。开启自循环系统，药液持续过滤一段时间后，进行抽检，合格后转移至储液罐中。配制的药液将流转至下一岗位进行灌封操作。稀配具体操作步骤列于表 5-1，浓配具体操作步骤列于表 5-2，滤膜气泡检测具体操作步骤列于表 5-3。

表 5-1　稀配操作步骤

序号	操作步骤	备注
1	开始蒸汽加热	
2	打开注射用水	
3	关闭注射用水	
4	开启搅拌桨	
5	开启循环过滤	
6	抽检（澄明度合格后，出料）	
7	关闭循环过滤	
8	停止搅拌桨	

序号	操作步骤	备注
9	开始药液输送	
10	停止药液输送	
11	停止蒸汽加热	

表 5-2　浓配操作步骤

序号	操作步骤	备注
1	打开浓配注射用水	
2	关闭浓配注射用水	
3	开始浓配蒸汽加热	
4	加入物料（以上三种物料，注射用水和活性炭调成糊状液体，加入浓配罐）	
5	开启浓配搅拌桨	
6	打开浓配注射用水	
7	关闭浓配注射用水	
8	开启循环过滤	
9	抽检（澄明度合格后，出料）	
10	关闭循环过滤	
11	停止浓配搅拌桨	
12	开始药液输送	
13	停止药液输送	
14	停止浓配蒸汽加热	

表 5-3　滤膜气泡检测操作步骤

序号	操作步骤	备注
1	查看排气阀状态	
2	取下压力表	
3	倒入润湿液	
4	安装压力表	
5	打开排气阀	

续表

序号	操作步骤	备注
6	打开氮气总阀	
7	关闭氮气总阀	
8	关闭排气阀	
9	打开排水阀	
10	关闭排水阀	

3. 清场操作

取下设备和操作间的"运行中"和"正在生产"状态牌，分别换上"待清洁"和"清场中"状态牌。容器具送至容器具清洗间清洗，经 QA 检查合格后，设备换上"已清洁"状态牌，操作间换上"清场合格证（副本）"标志牌，填写"清场记录文件"。

思考题

1. 注射剂配液时，为提高澄明度通常要使用活性炭，使用时应注意哪些问题？
2. 简述稀配法的具体操作步骤。
3. 简述浓配法的具体操作步骤。
4. 简述滤膜气泡检测的操作步骤。

任务二　洗瓶干燥岗位操作

洗瓶干燥岗位是小容量注射剂生产过程中的一个主要工序，包括洗瓶、干燥与灭菌。洗瓶干燥岗位如无特殊要求，岗位洁净级别通常设计为 D 级。

一、设备介绍

1. 超声波安瓿洗瓶机

超声波安瓿洗瓶机主要由理瓶机构、进瓶机构、洗瓶机构、出瓶机构、主转动系统、清洗水循环系统、气控制系统、加热系统等组成，见图 5-11。清洗机外罩装有蒸汽抽取系统，此系统需安装防倒灌装置。

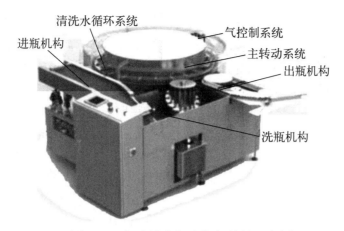

图 5-11　超声波安瓿洗瓶机结构示意图

设备配有注射用水与压缩空气的终端过滤装置，同时还配有循环用水的三芯过滤器。注射用水过滤器滤芯的过滤精度为 0.22μm；循环用水过滤器滤芯的过滤精度为 1μm；压缩空气过滤器滤芯的过滤精度为 0.22μm。

2.热层流式干热灭菌机

安瓿干燥灭菌多采用热层流式干热灭菌机。

热层流式干热灭菌机也称为热风循环隧道式灭菌烘箱，为整体隧道结构，由预热区、高温灭菌区、冷却区三部分组成，分为前后层流风机、热风循环风机、高温灭菌箱、机架、输送网带、排风机、耐高温高效空气过滤器、电加热器、电控箱等部件。

洗瓶机将清洗干净的口服液瓶送入输送带，经预热后的口服液瓶送入高温灭菌段，流动的清洁热空气将口服液瓶加热升温到规定温度，口服液瓶经过高温区的总时间，根据灭菌温度而定，干燥灭菌后进入冷却段。冷却段的洁净空气将口服液瓶冷却至接近室温，以避免爆瓶，再送入灌封机进行药液的灌装与封口。

预热部分对循环空气进行加热，达到指定温度。

干燥灭菌部分即高温部分，灭菌段的洁净空气是自我循环，风机将经过加热元件加热后的洁净空气抽出，经风机加压后，经过高效过滤器垂直进入灭菌区域，对其中的瓶子进行加热、灭菌、干燥。

冷却部分和预热部分的结构和原理基本一样，风机直接吸入室内空气经高效过滤器后对容器进行冷却，使容器在经过冷却部分后的温度不高于室温＋15℃，以便下道工序进行灌装封口。

二、生产管理

（1）瓶的洁净度观察

① 在一定数量的瓶内外放些荧光粉，清洗后取样，用肉眼灯检法检测，看是否有可见异物，主要检测 50μm 以上的微粒。

② 做不溶性微粒检测，用激光检测方法检测 50μm 以下的微粒，需符合药典要求，即小于 100ml 每个供试品中含 ≥ 10μm 的微粒不得超过 6000 粒，≥ 25μm 的微粒不得超过 600 粒。

（2）空气及水过滤时要控制压力，过滤器定时更换。

（3）清洗时间、水温均要满足相关要求。注射用水的水温和循环水的水温通常控制在 60 ～ 70℃。

（4）在烘干机正常运转前必须调整好各段与房间的压差。

物料标签见图 5-12，洗瓶岗位生产记录见图 5-13。

物料标签

品　名	对乙酰氨基酚注射剂
物料名称	安瓿瓶
批　号	20231111
配置量	10万支
物料状态	洗瓶后
批总量	10万支
规　格	2ml/支
操作人	
日　期	2023年11月11日

图 5-12　洗瓶岗位物料标签

洗瓶岗位生产记录

品　名	对乙酰氨基酚注射剂		批　号	20231111
规　格	2ml/0.25g		本批生产量	10万支
生产日期	2023年11月11日			
物　料				
洗前数量	洗后数量	破损数量		收率
10万支	10万支	0万支		100%
物料平衡	公式	(洗后瓶数+破损瓶数+剩余瓶数)/洗涤前总瓶数×100%		
	计算	(10+0+0)/10×100%=100%		
	平衡限度	95%≤限度≤100% 实际为：100% 符合限度☑ 不符合限度☐		
备注				
操作人		复核人	QA	

图 5-13　洗瓶岗位生产记录

三、岗位仿真实训

本岗位旨在完成对安瓿的清洗、灭菌、干燥操作。选用的设备是超声波洗瓶机、隧道式灭菌干燥机。

1. 生产前准备

生产前进行温湿度、静压差检查，并检查是否有与本次生产无关的物料、文件等。检查相关容器是否清洁、干燥、消毒，且在有效期限内，状态标志情况是否齐全（容器具状态标签）。检查设备是否清洁、干燥、消毒，且在有效期限内，状态标志情况是否齐全（设备状态标签）。操作间状态是否完好，已清洁。对待清洗的安瓿应核实品名、型号、数量等。填写生产前检查记录文件。

2. 生产操作

将从理瓶间领取的安瓿推送至进瓶盘上，由进瓶盘将瓶子推入旋转轨道，进入超声波清洗槽进行超声波清洗。进入反冲轨道，反冲清洗后，再经过洁净空气把瓶子吹干。清洗好的安瓿经传送带输送至隧道式灭菌干燥机内，经预热、高温灭菌、冷却等步骤完成安瓿的灭菌烘干操作。清洗灭菌烘干的安瓿，通过设备直接输送到下一岗位，进行灌封操作。超声波洗瓶机具体操作步骤见表5-4。

表5-4　超声波洗瓶机操作步骤

序号	操作步骤	备注
1	加入药瓶	
2	纯化水入槽阀开	
3	超声波主机开	
4	注射用水控制阀开	
5	压缩空气过滤阀开	
6	启动灭菌柜	
7	超声波主机关	
8	压缩空气过滤阀关	
9	注射用水控制阀关	
10	纯化水入槽阀关	
11	关闭灭菌柜	

3. 清场操作

取下设备和操作间的"运行中"和"正在生产"状态牌，分别换上"待清洁"和"清场中"状态牌。容器具送至容器具清洗间清洗，经QA检查合格后，设备换上"已清洁"状态牌，操作间换上"清场合格证（副本）"标志牌，填写"清场记录文件"。超声波洗瓶机的清洗步骤列于表5-5中。

表5-5　超声波洗瓶机清洗步骤

序号	操作步骤	备注
1	移走清洗槽上的护罩	
2	移走溢水槽	
3	纯化水喷枪清洗	

续表

序号	操作步骤	备注
4	纯化水抹布擦拭清洗入瓶口	
5	酒精抹布擦拭灭菌入瓶口	

思考题

1. 超声波安瓿洗瓶机由哪几部分组成？
2. 简述热层流式干热灭菌机的工作原理。
3. 简述超声波洗瓶岗位的具体操作步骤。

任务三　灌封岗位操作

将过滤洁净的药液定量地灌注到经过清洗、干燥及灭菌处理的安瓿内，并加以封口的过程称为灌封。对于易氧化的药品，在灌装药液时，充填惰性气体以取代安瓿内药液上部的空气。小容量注射剂灌封岗位如无特殊要求，洁净度设计为C级。

一、设备介绍

灌封岗位的主要设备是拉丝灌封机，拉丝灌封机主要由洁净层流罩，充气、灌药工位，拉丝、封口工位，出口等组成，其结构见图 5-14。

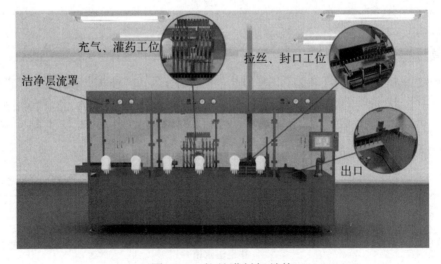

图 5-14　拉丝灌封机结构

四个间歇工位依次为灌液工位、后充气工位、预热工位、拉丝封口工位，见图 5-15 和图 5-16。后充气工位设定为氮气。在灌液岗位，玻璃柱塞泵通过灌针将药液注入安瓿，各灌装泵装量可通过调节手轮来调整；在预热工位，安瓿被喷嘴吹出的氢气和氧气的混合燃烧气体加热，同时在滚轮作用下产生自旋运动。在拉丝封口工位，安瓿顶部进一步受热软化被拉丝钳拉丝封口，封好口后的安瓿经出瓶拨轮被推出，进入接瓶盘中。

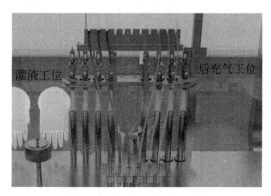

图 5-15　灌液工位和后充气工位

图 5-16　预热工位和拉丝封口工位

拉丝灌封机的执行机构主要分为三部分：安瓿送瓶机构、安瓿灌装机构及拉丝封口机构。

1. 安瓿送瓶机构

将密集排列的灭菌安瓿依照灌封机的要求，即在一定的时间间隔（动作周期）内，将一定数量（固定支数）的安瓿按一定的距离间隔排放在灌封机的传送装置上。其结构见图 5-17。

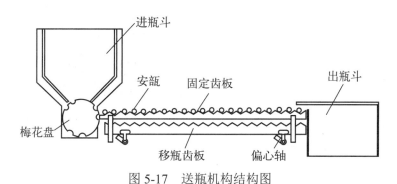

图 5-17　送瓶机构结构图

2. 安瓿灌装机构

安瓿灌装机构是将药液经计量装置，按工艺要求的一定体积灌注到安瓿中去的机构。药品品种不同，其安瓿的规格、尺寸要求也不同，所以计量机构一般为可调节式。

安瓿灌装机构有一部分是完成相应充氮功能的。充氮是为了防止药品氧化，向安瓿内药液上部的空间充填氮气以取代空气。充氮的功能也是通过氮气管线端部的针头来完成的。

安瓿拉丝灌封机灌装机构包括：药液灌液机构、凸轮、杠杆传动机构、缺瓶止灌机构，见图5-18。

灌装计量泵多采用陶瓷灌装计量泵，陶瓷灌装计量泵由陶瓷计量部件（陶瓷泵套、旋转阀、计量杆）、不锈钢进出液嘴及连接件等构成，见图5-19。旋转阀的口对准进液口，陶瓷柱的向下线性运动产生负压，吸入液体；旋转阀的口对准出液口，陶瓷柱的向上线性运动产生正压，排出液体。

图5-18　安瓿拉丝灌封机灌装机构

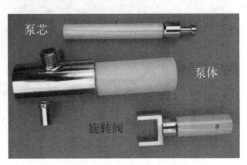

图5-19　陶瓷计量泵主要部件

3.拉丝封口机构

灌装后的安瓿，需立即封口，封口方式是将安瓿颈部玻璃用火焰加热至熔融状态。加热时，安瓿需自转，使颈部均匀受热熔化。为确保封口不留毛细孔隐患，一般均采用拉丝封口工艺。拉丝封口不仅是瓶颈玻璃自身的融合，而且用拉丝钳将瓶颈上部多余的玻璃靠机械动作强力拉走，加上安瓿自身的旋转动作，可以保证封口严密不漏，且使封口处玻璃厚薄均匀，而不易出现冷爆现象。封口机构见图5-20。

二、生产管理

1.清洗程序

① 用纯净水清洗干净后，再用注射用水冲洗干净。

图5-20　安瓿拉丝灌封机封口机构

② 长期放置、初次使用时，用1%～2%NaOH浸泡30分钟，注意不要使用热碱液（温度不能高于40℃），密封圈用碱液浸泡时间不能过长，否则弹性会变差。

2.灭菌程序

可采用干热灭菌或高压湿热蒸汽灭菌。但由于密封圈只能耐温160℃，在干热前应将密封圈卸下，将密封圈进行高压湿热蒸汽灭菌（建议采用高压湿热蒸汽进行灭菌，灭菌温度121℃，压力0.1MPa，时间30分钟）。

3. 清洗灭菌注意事项

① 不得使用含氯的化学溶液与不锈钢接触，以防腐蚀不锈钢件。

② 清洗时不得在超过 40℃的热水中拉动陶瓷计量部件。应将陶瓷柱塞、陶瓷套分开进行清洗。

③ 灭菌时应将旋转阀、陶瓷套、计量杆分开放在专用灭菌箱中，并将陶瓷杆、陶瓷套垂直吊挂进行湿热灭菌，以防受热变形弯曲；灭菌后应待各部件温度自然降到室温，才能进行安装操作，泵体温度降到室温前，应避免骤冷导致各部件损坏。

④ 由于陶瓷的硬度大于金属，陶瓷与金属接触能使陶瓷表面变脏，可使用少量浓硫酸（盐酸）进行清洗；如泵体上有黄色污垢，可用 10% 草酸浸泡 5 ～ 10 分钟，再用注射用水冲洗干净。

⑤ 由于陶瓷的硬度大于不锈钢，陶瓷与不锈钢接触能使陶瓷表面黏附上不锈钢，如不能清除掉，可能会导致灌装泵运行不顺畅或不能运动。建议清洗及灭菌时使用非金属材料作为存放容器。

本岗位的物料标签见图 5-21，本岗位生产记录见图 5-22。

物料标签

品　名	对乙酰氨基酚注射剂
物料名称	对乙酰氨基酚注射剂
批　号	20231111
配置量	10万支
物料状态	灌装后
批总量	10万支
规　格	2ml/支
操作人	
日　期	2023年11月11日

图 5-21　灌装岗位物料标签

三、岗位仿真实训

本岗位旨在完成对小容量注射剂的灌封操作。

1. 生产前准备

生产前进行温湿度、静压差检查，并检查是否有与本次生产无关的物料、文件等。检查相关容器是否清洁、干燥、消毒，且在有效期限内，状态标志情况是否齐全（容器具状态标签）。检查设备是否清洁、干燥、消毒，且在有效期限内，状态标志情况是否齐全（设备状态标签）。操作间状态是否完好，已清洁。对待灌封的药液应核实品名、批号、数量等，核实安瓿状态为"洗瓶后"。填写生产前检查记录文件。

2. 生产操作

安瓿拉丝灌封机工作时，开启主机，设定速度，根据安瓿瓶口拉丝效果，调节火焰至最佳状态。调节管状针的药液灌装量至规定要求。打开药液阀，进行药液灌装。灌装后的安瓿瓶，经过预加热、拉丝加热后，拉丝钳迅速将瓶口上部分夹出，完成安瓿封口。灌封好的中间产品将流转到下一岗位进行灭菌检漏操作。灌封机操作步骤见表 5-6。

灌装岗位生产记录

品　名	对乙酰氨基酚注射剂	批　号	20231111
规　格	2ml/0.25g	本批生产量	10万支
生产日期	2023年11月11日		

灌　装			
按灌装岗位操作规程及灌装机操作规程操作，将所得药液用灌装机进行灌装	罐装机开机前清洁状态：已清洁 药液总量：200L 平均装量：2ml/瓶 余料量：0L 装瓶总量：10万支 药液损耗量：0L 收率：100%		

质量控制(每30分钟自查一次装量差异)

控制项目	外观		装量
标准	外观干净整洁，装量均匀一致		2ml/支
结果	合格		合格
物料平衡	公式	(罐装总量+余料量+损耗量)/罐装前药液总量×100%	
	计算	(200+0+0)/200×100%=100%	
	平衡限度	95%≤限度≤100% 实际为：100% 符合限度☑ 不符合限度☐	
备注			
操作人		复核人	QA

图 5-22 灌装岗位生产记录

表 5-6 灌封机操作步骤

序号	操作步骤	备注
1	开机	
2	调节火焰	
3	打开药液阀	
4	自动剔废	
5	检查装量	
6	关闭药液阀	
7	关机	
8	物料转移	

3. 清场操作

取下设备和操作间的"运行中"和"正在生产"状态牌，分别换上"待清洁"和"清场中"状态牌。容器具送至容器具清洗间清洗，经 QA 检查合格后，设备换上"已清洁"状态牌，操作间换上"清场合格证（副本）"标志牌，填写"清场记录文件"。灌封机清洗步骤列于表 5-7 中。

表 5-7　灌封机清洗步骤

序号	操作步骤	备注
1	打开窗户	
2	零部件送清洗间清洗消毒	
3	纯水擦拭内部	
4	酒精清洗	

思考题

1. 灌封岗位的主要设备有哪些，包括哪些组成部分？
2. 安瓿灌装机的充氮功能起哪些作用？
3. 简述灌封岗位的具体操作步骤。

任务四　灭菌检漏岗位操作

小容量注射剂的灭菌一般采用高压蒸汽灭菌法或水浴灭菌法，同时完成安瓿检漏工作。灭菌的主要目的是杀灭或除去所有微生物繁殖体和芽孢，最大限度地提高药物制剂的安全性，保护制剂的稳定性，保证制剂的临床疗效。

一、设备介绍

一般来说，灭菌与检漏在同一个密闭容器中完成，该设备称为高压蒸汽灭菌柜。其结构包括矩形箱体、安全阀、压力表、温度计、蒸汽管、消毒箱轨道、消毒车、排气阀、放空阀等，见图 5-23。

高压蒸汽灭菌柜主要利用饱和水蒸气作为灭菌介质，利用蒸汽冷凝时释放出大量潜热和湿度的物理特性，使被灭菌品处于高温和润湿的状态下，经过设定的恒温时间，使细菌的主要成分蛋白质凝固而被杀死。其工作原理见图 5-24。

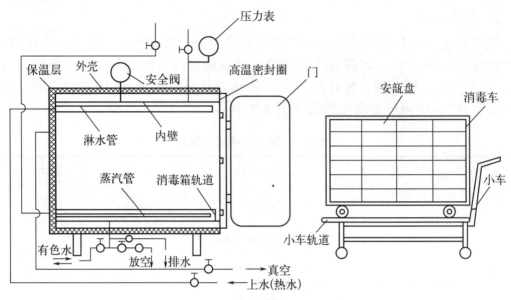

图 5-23 灭菌检漏设备结构

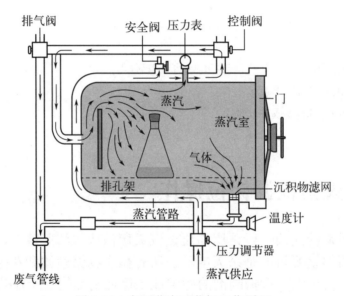

图 5-24 高压蒸汽灭菌柜工作原理

检漏是在高温灭菌结束后，在未冷却降温之前，立即向密闭容器注入有色水，将安瓿全部浸没后，安瓿内的气体与药液遇冷形成负压，这时如遇有封口不严密的安瓿将出现有色水渗入安瓿的现象，这样，便于将这部分密封不严的不合格安瓿人工去除，见图 5-25。

清洗：安瓿经灌注有色水检漏后其表面不可避免地留有色迹，所以在灌注有色水检漏后必须再打开淋水管的进水阀门，对安瓿进行冲洗，清除色迹，见图 5-26。

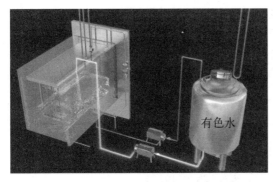
图 5-25 检漏工序

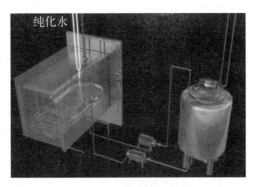
图 5-26 纯化水清洗

二、生产管理

1. 灭菌设备的再验证

为保证灭菌效果，灭菌设备需定期进行再验证，对灭菌设备进行热分布、热穿透等性能确认。

2. 灭菌参数的控制

在灭菌过程中，会出现蒸汽压力达标，但温度升不上去的现象，这时需调节疏水阀和检查门密封胶条。灭菌所用蒸汽应采用饱和水蒸气。

灭菌检漏岗位物料标签见图 5-27，灭菌检漏岗位生产记录见图 5-28。

三、岗位仿真实训

灭菌检漏岗位旨在完成对小容量注射剂的灭菌检漏操作。

1. 生产前准备

生产前进行温湿度、静压差检查，并检查是否有与本次生产无关的物料、文件等。检查相关容器是否清洁、干燥、消毒，且在有效期限内，状态标志情况是否齐全（容器具状态标签）。检查设备是否清洁、干燥、消毒，且在有效期限内，状态标志情况是否齐全（设备状态标签）。操作间状态是否完好，已清洁。对待灭菌检漏的物料应核实品名、批号、数量等。物料状态为"灌封后"。填写生产前检查记录文件。

2. 生产操作

将待灭菌的中间产品用小推车推送至灭菌柜内，灭菌柜进行抽真空操作。向灭菌柜内通入有色水，漫过所有安瓿瓶，维持规定时间后，将有色水排出。再通

物料标签

品 名	对乙酰氨基酚注射剂
物料名称	对乙酰氨基酚注射剂
批 号	20231111
配置量	10万支
物料状态	灭菌后
批总量	10万支
规 格	2ml/0.25g
操作人	
日 期	2023年11月11日

图 5-27 灭菌检漏岗位物料标签

灭菌检漏岗位生产记录

品　名	对乙酰氨基酚注射剂	批　号	20231111
规　格	2ml/0.25g	本批生产量	10万支
生产日期	2023年11月11日		

灭　菌
按灭菌岗位操作规程及高压灭菌柜操作规程操作，将灌装所得注射剂进行灭菌　　灭菌总盘数　200盘　　每盘装瓶数　500支/盘　　灭菌总瓶数　10万支

灭菌操作记录

锅次	开汽时间	温度	压力	排汽时间	灭菌时间
1	18时	100℃	0.15MPa	18时30分	30min
2	19时	100℃	0.15MPa	19时30分	30min
3					

物料平衡	公式	(灭菌后成品量+剩余数+破损数)/灭菌前总瓶数×100%
	计算	(10+0+0)/10×100%=100%
	平衡限度	98%≤限度≤100%　实际为：100%　符合限度☑ 不符合限度☐

备注	

操作人		复核人		QA	

图 5-28　灭菌检漏岗位生产记录

入纯化水对安瓿瓶进行洗涤，洗涤后将纯化水排出。纯化水排出后，向夹层与腔室内通蒸汽，至腔室内压力、温度达规定值，维持压力，开始进行灭菌操作。待灭菌结束后，关闭蒸汽，将蒸汽排出。灭菌结束后的中间产品转到下一岗位进行灯检操作。灭菌检漏操作步骤列于表 5-8 中。

表 5-8　灭菌检漏操作步骤

序号	操作步骤	备注
1	将推车放入灭菌柜	
2	前门关	
3	真空阀开	
4	真空阀关	
5	有色水注入开	
6	有色水注入关	

序号	操作步骤	备注
7	有色水循环开	
8	有色水循环关	
9	纯化水注入开	
10	纯化水注入关	
11	排放阀开	
12	排放阀关	
13	蒸汽阀开	
14	排放阀开	
15	排放阀关	
16	蒸汽阀关	
17	真空阀开	
18	真空阀关	
19	后门开	
20	物品移出放置到推车上	

3.清场操作

取下设备和操作间的"运行中"和"正在生产"状态牌，分别换上"待清洁"和"清场中"状态牌。容器具送至容器具清洗间清洗，经 QA 检查合格后，设备换上"已清洁"状态牌，操作间换上"清场合格证（副本）"标志牌，填写"清场记录文件"。灭菌柜清洗步骤列于表 5-9 中。

表 5-9　灭菌柜清洗步骤

序号	操作步骤	备注
1	纯化水清洗	
2	酒精清洗	

思考题

1.制备小容量注射剂时，灭菌的主要目的是什么？

2.简述灭菌检漏岗位的具体操作步骤。

任务五 灯检岗位操作

灯检是注射剂生产质量控制的一道重要工序。装有药液的安瓿瓶通过一定照度的光线照射，可判别其是否存在有可见异物、破裂、漏气、装量过满或不足等质量问题。

如无特殊要求，可将该岗位设置在一般生产控制区。

一、设备介绍

根据功能可将灯检机分为手动灯检机、半自动灯检机、全自动灯检机。

根据检测产品品种的不同可分为安瓿瓶灯检机、口服液灯检机、西林瓶灯检机、冻干品灯检机。

1. 人工手动灯检

人工手动检测主要依靠待测安瓿瓶被振摇后药液中微粒的运动从而达到检测目的。按照 GMP 的相关规定，一个灯检室只能检查一个品种的瓶子。检查时一般采用 40W 青光的日光灯作光源，背景应为黑色或白色（检查有色异物时用白色），使其有显示的对比度，检测时将待测瓶置于检查灯下距光源约 200mm 处，轻轻转动瓶子，目测药液内有无异物微粒。

2. 半自动灯检机

瓶子可以经网带由上一工序自动进入，不需要人工端瓶，瓶子由输瓶带、进瓶绞龙、转向块进入灯检轨道的滚子之间，在灯检区域瓶子随滚子旋转，可以通过放大镜或电脑屏幕观察瓶子底部、瓶身目测出药液中的杂质，以及瓶子装量、轧盖质量等。如有不合格的瓶子，及时拿出；合格的瓶子经尾部的卧转立装置使瓶子立起来，进入到下一工序，见图 5-29。

图 5-29 半自动灯检机

3. 全自动灯检机

全自动灯检机在安瓿停转的瞬间，以光束照射安瓿，在光束照射下产生变动的散射光或投影，背后的荧光屏上即同时出现安瓿及药液的图像。再通过机械动作及时将不合格安瓿剔除。

全自动灯检机工艺流程：待检品→输送带→进瓶拨轮→光电检测区→旋转检测→出瓶拨轮→出瓶绞龙→分瓶器合格品/不合格品分离。其流程见图 5-30。

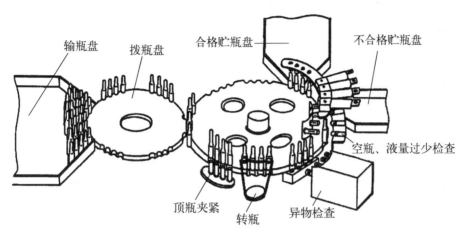

图 5-30　全自动灯检机工艺流程

全自动灯检机根据机器视觉原理，采用摄像机拍摄生产线上安瓿瓶的序列图像，把图像传入计算机后，计算机通过软件算法判断该安瓿瓶内是否含有可见异物杂质，若有，则发出指令，通过 PLC 控制把次品分拣出传送带；若为合格品则进入下一步工序。

二、生产管理

灯检岗位物料标签见图 5-31，灯检岗位生产记录见图 5-32。

物料标签

品　名	对乙酰氨基酚注射剂
物料名称	对乙酰氨基酚注射剂
批　号	20231110
配置量	10万支
物料状态	灯检后
批总量	10万支
规　格	2ml/支
操作人	
日　期	2023年11月11日

图 5-31　灯检岗位物料标签

灯检岗位生产记录

品　名	对乙酰氨基酚注射剂		批　号		20231110
规　格	2ml/0.25g		本批生产量		10万支
生产日期	2023年11月11日				
灯　检					
按灯检岗位操作规程进行操作		接上工序半成品情况 总数量：10万支 灯检总数：10万支			
灯检操作记录					

姓名	灯检数量/万瓶	玻屑	白块/纤维	脱丝/泡头	碳化	其他	废品合计/瓶
李伟	2.5	0	0	0	0	0	0
王思	2.5	0	0	0	0	0	0
井柏	2.5	0	0	0	0	0	0
王军	2.5	0	0	0	0	0	0
合计	10	0	0	0	0	0	0

物料平衡	公式	(灯检后成品量+废品量)/灯检前数量×100%
	计算	(10+0)/10×100%=100%
	平衡限度	98%≤限度≤100% 实际：100% 符合限度☑ 不符合限度☐
备注		

操作人		复核人		QA	

图 5-32　灯检岗位生产记录

三、岗位仿真实训

灯检岗位旨在完成对小容量注射剂的灯检审核操作。选用的设备是全自动灯检机。

1. 生产前准备

生产前进行温湿度、静压差检查，并检查是否有与本次生产无关的物料、文件等。检查相关容器是否清洁、干燥、消毒，且在有效期限内，状态标志情况是否齐全（容器具状态标签）。检查设备是否清洁、干燥、消毒，且在有效期限内，状态标志情况是否齐全（设备状态标签）。操作间状态是否完好，已清洁。对待灯检的物料应核实品名、批号、数量等。物料状态为"灭菌后"。填写生产前检查记录文件。

2. 生产操作

将安瓿瓶放置在灯检机的进瓶盘中，设定好速度，经过检验口。灯检机输送带上的光照透过瓶子，通过有机玻璃放大镜，将有裂缝、杂质等质量问题的安瓿瓶挑出，合格的安瓿瓶进入理瓶盘中，灯检好的小容量注射剂流转到下一岗位，进行外包操作。灯检仪的具体操作步骤列于表 5-10 中。

表 5-10 灯检仪操作步骤

序号	操作步骤	备注
1	启动运转（空运转）	
2	停止运转	
3	放置待检注射剂瓶	
4	启动运转	
5	检查	
6	停止运转	
7	物料转移	

3. 清场操作

取下设备和操作间的"运行中"和"正在生产"状态牌，分别换上"待清洁"和"清场中"状态牌。容器具送至容器具清洗间清洗，经 QA 检查合格后，设备换上"已清洁"状态牌，操作间换上"清场合格证（副本）"标志牌，填写"清场记录文件"。灯检仪清洗步骤列于表 5-11 中。

表 5-11 灯检仪清洗步骤

序号	操作步骤	备注
1	纯化水清洗	
2	酒精清洗	

 思考题

简述灯检岗位操作的具体步骤。

参考文献

[1]　国家药典委员会编 . 中华人民共和国药典 . 北京：中国医药科技出版社，2020.
[2]　国家食品药品监督管理总局 . 药品生产质量管理规范 . 2010.
[3]　解玉岭 . 药物制剂技术 . 2 版 . 北京：人民卫生出版社，2023.
[4]　张健泓 . 药物制剂技术 . 3 版 . 北京：人民卫生出版社，2018.
[5]　张健泓 . 药物制剂技术实训教程 . 2 版 . 北京：化学工业出版社，2014.
[6]　范高福 . 药物制剂实训教程 . 北京：化学工业出版社，2020.

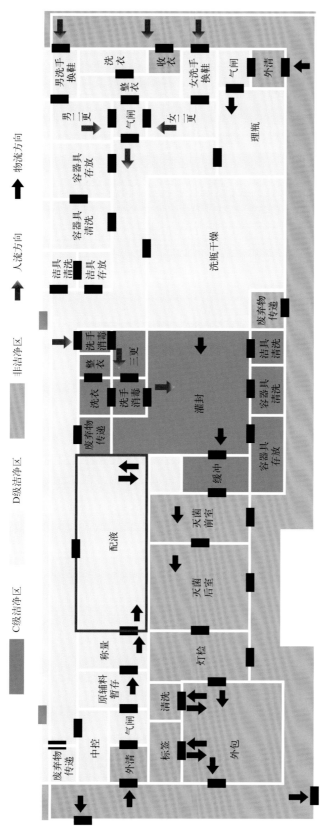

图 5-2 小容量注射剂仿真车间平面图